蔬食

CHEF JERRY'S
STYLISH
VEGETARIAN DISHES

推薦序

廚藝精湛的金牌廚師陳昆煌師傅要出新書，這是多麼地令人引頸期盼。強力推薦這本鉅獻，有了它，您也可以成為金牌廚師。

台北國際菩提金廚獎素食大賽創辦人 **陳瑞珍**

其實這幾年的蔬食非常流行，不再是宗教信仰而蔬；蔬食可以減能減碳外，又可做體內環保，現在過多的文明病也幾乎是吃出來。這本書提供了古早味小吃外還有沙拉、開胃菜、湯品、主餐甚至點心，值得大家蔬食一起來，健康跟我來。自 Jerry 從實習生一路走來看他長大，有美工特質的他，總把料理的美食以素描記錄在自己的武功秘笈中，美對於專業廚師來說其實也是相輔相成的。

南開科大專技助理教授 **李耀堂**

第一次認識師傅，是從他畫的畫，再次的認識師傅，是吃到他手作的料理，為之驚豔的畫、料理，跟他可愛又悶騷的個性完全是兜不起來。更深的認識後，感受到他對於美食及工作還有生活認真的態度是細膩的，即便可能正遇到人生轉變的階段，好的能量是能讓身旁的人感受到的，師傅便是如此。他把美食變成了一幅畫，用這幅畫給予需要力量的人品嚐，靜靜的卻強壯無比，從美食就能認識這位美食畫家——Jerry 師傅。

神手媽媽 **張棋惠**

一場歷練的競賽，
一段緣分的開始……

　　廚藝競賽，是每個廚師在學習過程中非常重要的歷練，身為中餐主廚的我，幾年前在師傅引薦下，參加了一場素食廚藝競賽，這對一個腦中大多是「雞鴨魚豬羊牛」的中餐廚師來說，無疑是一個極大的挑戰；非素食者的我，原先對素食的認知是既單調又無趣，然而在參賽準備期間，與師傅們討論關於茹素者的心態、素食料理的條件、種類及限制後，赫然發現自己非常享受投入在素食料理的製作，彷彿在我的廚藝生涯中開啟了另一扇窗，讓我的思考及創作更加寬闊又多元。

　　身為餐廳主廚，經常收到客人對料理的意見回饋，了解到消費者隨著時代進步，「無肉不歡」的飲食觀念大大地改變，不僅要吃的好更要吃的健康，這個觀念深深影響了我，也是我出這本書的初衷，想要跟大家分享素食或蔬食不再是單調又無趣，希望帶大家跳脫以往對蔬食的認知，以中式及西式異國料理不同的技法及烹調方式，打造出蔬食的全新面貌呈現給讀者，其實，「無肉亦可歡」。

　　書中特別收錄了我在發想菜單時，菜色設計及擺盤方式的圖稿，利用手繪圖畫增添趣味性，希望藉由這些圖稿，讓這本食譜書多了一份文藝氣息，而不再是一本制式的工具書；書中也推薦了幾道手做小吃料理，看似餐廳大菜，操作起來卻相當簡單。

最後，要謝謝我的粉絲們，不管是「型男大主廚」還是「料理123」，因為有你們的支持，才有這本書的誕生，希望你們會喜歡。

　　一起動手做做看，徹底翻轉腦中對蔬食的框架吧！

陳昆煌 Jerry
料理123

目　　錄

Chapter 1
文青主廚到你家！從前菜到甜點，
Jerry 量身打造的蔬食餐桌

Chapter 2
從「前菜」開始，豐盛美好的素系生活

Chapter 3
葷食者也驚豔的蔬食「主菜」

Chapter 4

飽足滿足的「主食&甜點」

Chapter 5

用素食重現巷口街角的「古早味小吃」

食 譜 說 明

1. **純素** 不含蛋奶、五辛等成分的純植物飲
   食。需留意食譜中可能含百頁豆腐、
   蜂蜜、味噌、豆腐乳,請購買純素
   產品,或依照自身飲食習慣省略、
   調整。

   蛋奶 含雞蛋、美奶滋、奶油、鮮奶油、
   牛奶等蛋奶製品,純素者可用植物
   性食品取代。

   五辛 材料中含蔥、蒜、韭、薤、興渠等
   辛香料,純素者可自行省略。

2. 材料分量中,1 小匙約是 5ml,1 大匙約是
   15ml。1 杯的量則是 180ml,1 碗的量約為
   180-200ml 左右。如標註「適量」,可依喜
   好增減用量。

3. 調理用油的分量,需依照鍋具大小、材質調
   整,故不列入材料表中。

4. 食材的切法等前置處理,大部分標示於材料
   表中,處理較費工者則於步驟中說明。

5. 食材中乾貨之重量為泡發後的重量,例如香
   檳茸、乾香菇等,秤量時請留意。

6. 香草類使用新鮮或乾燥皆可,依個人的喜好
   或便利度調整就好。

7. 食譜中使用的奶油為「無鹽奶油」,鮮奶油
   則用「動物性鮮奶油」。胡椒粉大多使用白
   胡椒,若使用黑胡椒會特別註明。

前 言

走在時代尖端的綠色飲食

　　近年來隨著健康或環保意識的抬頭，越來越多人開始提倡「綠色飲食」，也就是我們在說的「蔬食」。同樣都是吃菜，蔬食和大家熟悉的素食本質卻不太一樣，由於純粹是健康取向，沒有奶蛋素、宗教素、五辛素等分別，所以除了不食用肉品和加工合成品外，在烹調的過程中不會有太多的規範，也不像早期素菜大量使用人工素料，而是講求大地素材的原汁原味。

　　很多人對蔬食料理的印象，常常停留在炒青菜或燙青菜，自然就會覺得沒什麼變化、單調乏味。我一開始也是抱持這樣錯誤的認知，但實際接觸後卻意外發現，其實蔬食的變化性非常高，和平常做菜並沒有什麼差別。我在研發新菜色的時候，也是透過和料理葷食時一樣的手法和概念在做發想。有時候不特別在意烹調的限制，或是刻板印象中蔬食該有的型態，結果反而有出乎預料的好效果。

從食材探討最「蔬服」
的美味關係

　　根據我的經驗，蔬食料理在製作上需要留意的反而不是調味，而是「口感」「香氣」「營養」這三個部分。如果光只有葉菜類，很容易吃起來平淡或是營養不均，必須多留意配色的協調和配菜的種類，例如添加咬勁好的菇類、穀物加強口感，或是以堅果類補充優良油脂，加入豆類、奶製品補充蛋白質，整體的豐富性就會高很多。

　　食材就跟人一樣，只要了解各自的特性，就能達到相互補足的作用。以素肉燥來說，沒有豬油的香

氣，就改用薑
末、中芹、菇類
爆香。缺少肉類的口感，
就加入切成小塊的麵腸、海帶，
不僅像豬皮般 Q 彈，還可以提升鮮度。
把每道菜的色、香、味拆開，看拿掉肉品後缺少什
麼，便找相對應的食材重組，做菜就是一件這麼有
趣的事。

　　本書食譜中的調味料、食材大都不難取得，去市
場或超市就買得到，像是越南春捲皮、南薑等南洋
食材，也可以到越南或印尼食品店購買。另外因為
考量有些吃素朋友的需求，也避開了蔥蒜的使用，
大家可以依照自己的狀況、喜好做調整。

　　以前我的師傅李耀堂常說：「心若改變，態度才
會改變。態度改變，人生才會改變。」做菜也是一
樣的，不要被太多限制侷限，廚房裡的世界才會充
滿更多可能性。

Chapter 1

文青主廚到你家！
從前菜到甜點，
Jerry 量身打造的蔬食餐桌

Chef Jerry's
Stylish Vegetarian Dishes

JERRY 量身打造
蔬│食│饗│宴

【 前菜 】
appetizer

│ 繽 紛 時 蔬 小 品 │
開心果桂圓地瓜球
蔓越莓山藥墨西哥捲
南洋鷹嘴豆塔

【 沙 拉 】
salad

泰式炸酪梨紅藜溫沙拉

【 湯 品 】
soup

香檳茸剝椒清湯
酥炸丸子香料番茄湯

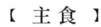

【 主 菜 】
main course

義式蔬菜南瓜起酥派

【 主 食 】
staple food

牛肝菌奶油堅果義大利麵
紅酒野蔬雞豆燉飯

【 甜 點 】
dessert

雲朵焦糖莓果披薩
全麥巧克力香蕉肉桂捲

繽紛
時蔬小品

appetizer

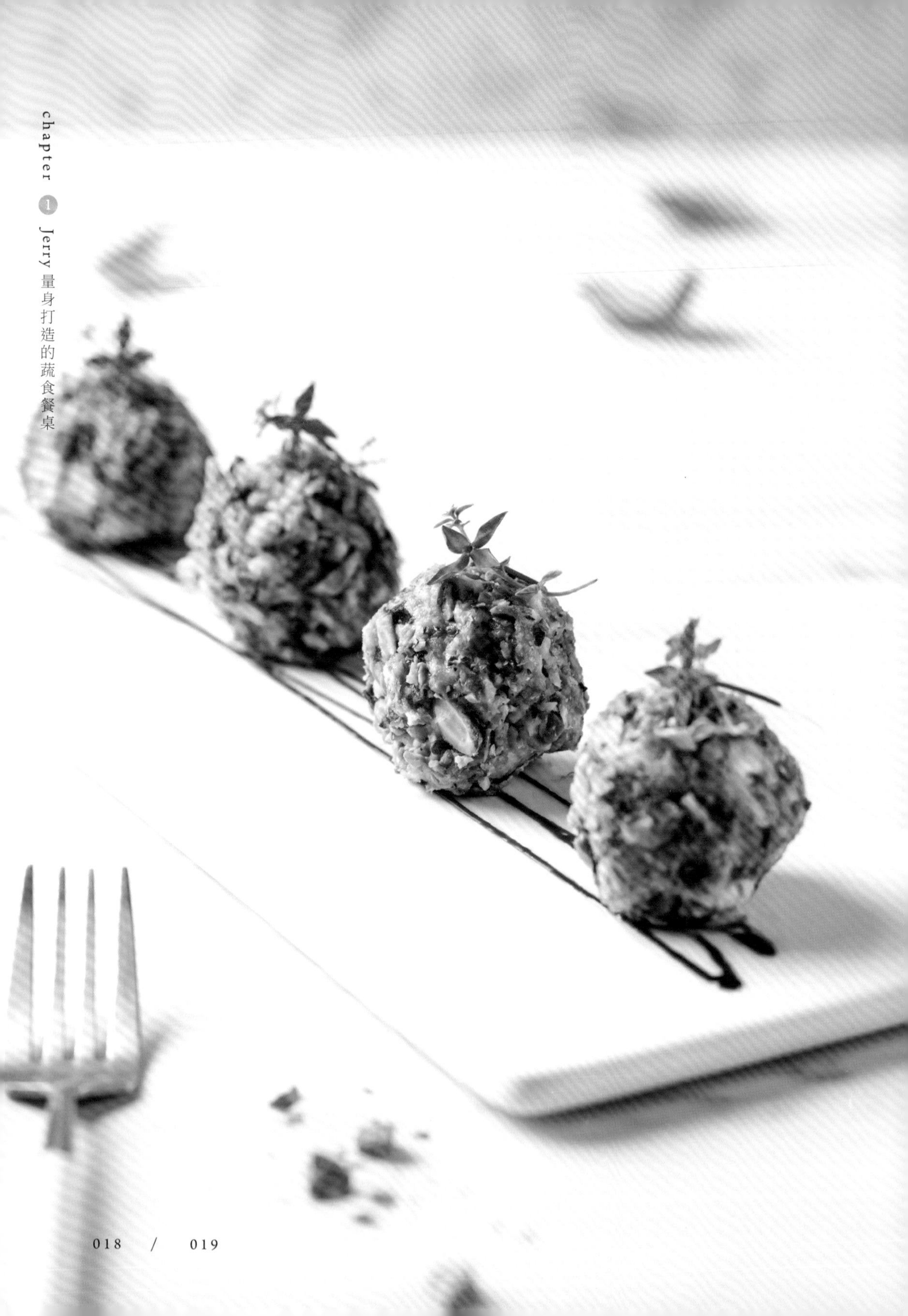

開心果桂圓地瓜球

食材

地瓜（切塊）150g
桂圓（切碎）20g
開心果（搗碎）50g

調味料

鮮奶油 30c.c.
奶油 10g
鹽 少許
糖 少許

作法

1 將地瓜事先蒸熟至軟備用。

2 地瓜拌入鹽、糖、桂圓、常溫回軟的奶油以及鮮奶油，攪拌至整體綿密且帶點顆粒。ⓐ

3 輕柔地搓成圓球狀，再裹上開心果碎即完成。ⓑⓒⓓ
　　T.I.P 開心果要盡量弄得很碎且均勻。可購買烘焙用的開心果，顏色較翠綠，看起來更美。

chapter 1 Jerry 量身打造的蔬食餐桌

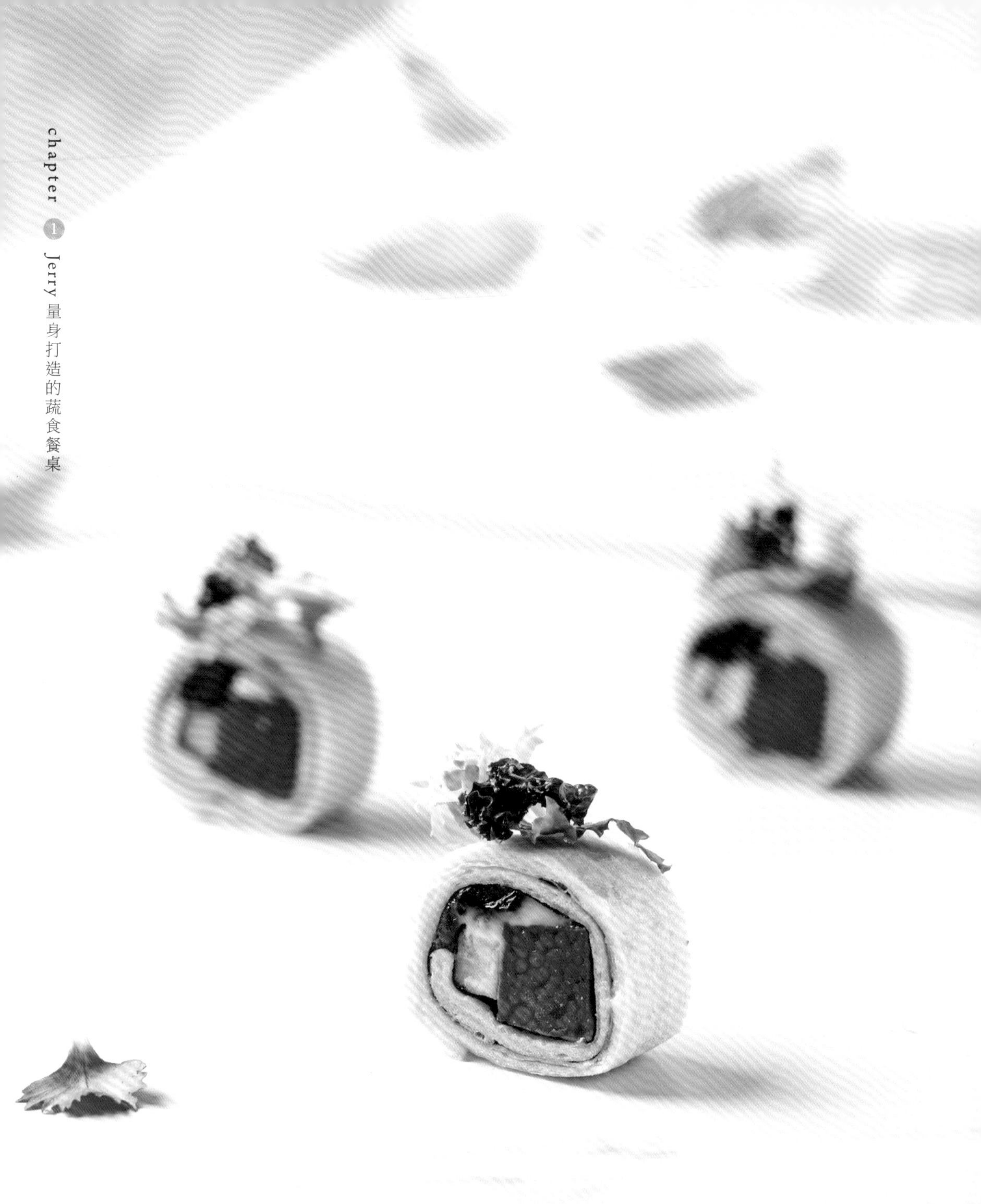

蔓越莓山藥
墨西哥捲

食材

墨西哥餅皮 1 張

海苔 1 張

紫山藥 1 條（1cm 寬）

小黃瓜 1 條（0.7-0.8cm 寬）

蔓越莓乾 20g

調味料

花生粉 1/4 大匙

美乃滋 少許

作法

1　將紫山藥事先蒸熟至軟備用。

2　在墨西哥餅皮上鋪上海苔片，接著於中間擠上美乃滋後，擺上紫山藥條與小黃瓜條，並撒上花生粉與蔓越莓乾。ⓐ

3　在餅皮邊緣擠上適量的美乃滋做為黏合用。接著一邊從後往前捲起一邊壓緊實。ⓑⓒ

4　捲好後用刀子切成適合入口的大小即完成。ⓓ

南洋鷹嘴豆塔

食材

鷹嘴豆 100g

馬鈴薯（切小丁）100g

香菜梗（切碎）10g

黃甜椒（切碎）10g

方形餛飩皮 4 張

調味料

咖哩粉 1/4 大匙

椰漿 10c.c.

黑胡椒 少許

鹽 少許

美乃滋 1/2 大匙

檸檬汁 少許

作法

1　將馬鈴薯事先蒸熟至軟、鷹嘴豆蒸透備用。

2　準備一個直徑約 5cm 的圓形模具，並備好熱油鍋（油溫 110-120˚C），放入餛飩皮後立刻將模具輕放在餛飩皮上方，稍微往下壓（不要壓到底），以小火油炸到定型且呈金黃色澤，即製成餛飩皮脆片。ⓐⓑⓒ

　　T.I.P 炸好的餛飩皮如果沒有要立即使用，可先放入密封盒中保存，避免軟化。

3　將鷹嘴豆混合馬鈴薯丁、香菜梗碎、黃甜椒碎及調味料，略攪拌成帶顆粒的泥狀。ⓓ

4　用湯匙將豆泥填入餛飩皮脆片中即完成。

　　T.I.P 餛飩皮脆片也可以省略不用，直接把豆泥以塔模塑形即可。

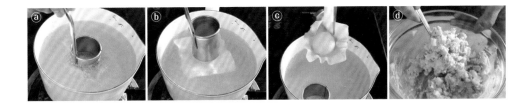

盤飾組合

1 先在腦中或是紙上構想出擺盤的架構後，用巴薩米克醋（義大利陳年酒醋）
在盤子上畫出底部的線條。

2 在畫好的線條上擺放開心果桂圓地瓜球、蔓越莓山藥墨西哥捲。

3 接著再擺上南洋鷹嘴豆塔，讓 3 道開胃小品呈現三角形的位置。

4 以盤底的線條為視覺中心，擺上顏色搶眼的銀杏。

5 再放上水煮青豆仁，用綠色帶出繽紛感。

6 最後再以食用花點綴即完成。
T.I.P 裝飾用的食材可以依照喜好挑選。

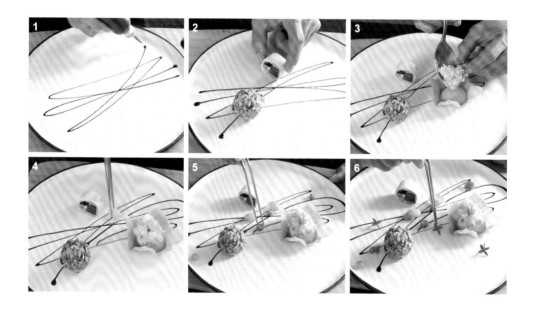

文青主廚Jerry的
手繪圖＆擺盤設計理念

《繽紛時蔬小品》

• 蔓越莓山藥墨西哥捲

以墨西哥捲餅為發想的概念，
捲入紫山藥條、蔬菜及蔓越莓乾，
再切成適合一口食用的大小，
外型小巧可愛，口味清爽宜人。

• 開心果桂圓地瓜球

在清甜的地瓜中混入桂圓增添濃郁果香，
外層再裹上開心果碎，突顯豐富的堅果香氣。
結合翠綠色澤和圓球外型，
視覺上相當討喜。

• 南洋鷹嘴豆塔

調味上結合咖哩、椰漿、檸檬，帶出南洋風味，
再混合鷹嘴豆及馬鈴薯製成細緻的豆泥醬。
以餛飩皮炸成外殼脆片，填入充足的豆泥醬，
一口咬下後，將可同時感受酥脆與綿密口感。

泰式炸酪梨
紅藜溫沙拉

食材

酪梨 1 顆

紅藜麥 20g

綜合生菜 1 把

小黃瓜 3 片（長形薄片）

洋菇（切片）3 朵

香菇（切片）2 朵

花生（搗碎）20g

辣椒（切碎）1/2 大匙

香菜梗（切碎）1 大匙

炸粉

麵粉 1 碗

雞蛋 1 顆

麵包粉 1 碗

調味料

美乃滋 5 大匙

檸檬汁 2 大匙

糖 1/2 大匙

鹽 少許

作法

1 藜麥事先蒸熟備用。

2 準備一個熱油鍋，將香菇片、洋菇片以小火煸乾備用。ⓐ
T.I.P 使用淺油亦可，但油量需至少淹過菇類。

3 酪梨去皮去籽後切成船型，依序裹上麵粉、打勻的雞蛋液與麵包粉。ⓑⓒ
T.I.P 酪梨使用進口的或本地產的皆可，最好挑選沒有過熟的，否則會有黑斑。
由於酪梨去皮後很快就會變色，因此待油炸前再切就好。

4 將裹好粉的酪梨放入同一油鍋中，炸至金黃色澤即可起鍋。ⓓⓔ

5 取一個玻璃碗，加入美乃滋、檸檬汁、鹽、糖、辣椒碎、香菜梗碎拌勻，製成
醬汁備用。ⓕⓖ

6 盤子底部先淋上醬汁，再擺上炸酪梨、生菜、小黃瓜薄片捲，並撒上藜麥、香
菇片、洋菇片、花生碎即完成。ⓗⓘ

文青主廚Jerry的
手繪圖＆擺盤設計理念

Jerry

《泰式炸酪梨紅藜溫沙拉》

此道沙拉以高營養的酪梨做為主角，
透過主副食材比重的調整，改變了以往酪梨的吃法。
酪梨裹粉炸酥後，搭配綜合生菜及紅藜麥，
並佐以泰式沙拉醬汁，營造酥脆爽口的迷人滋味。

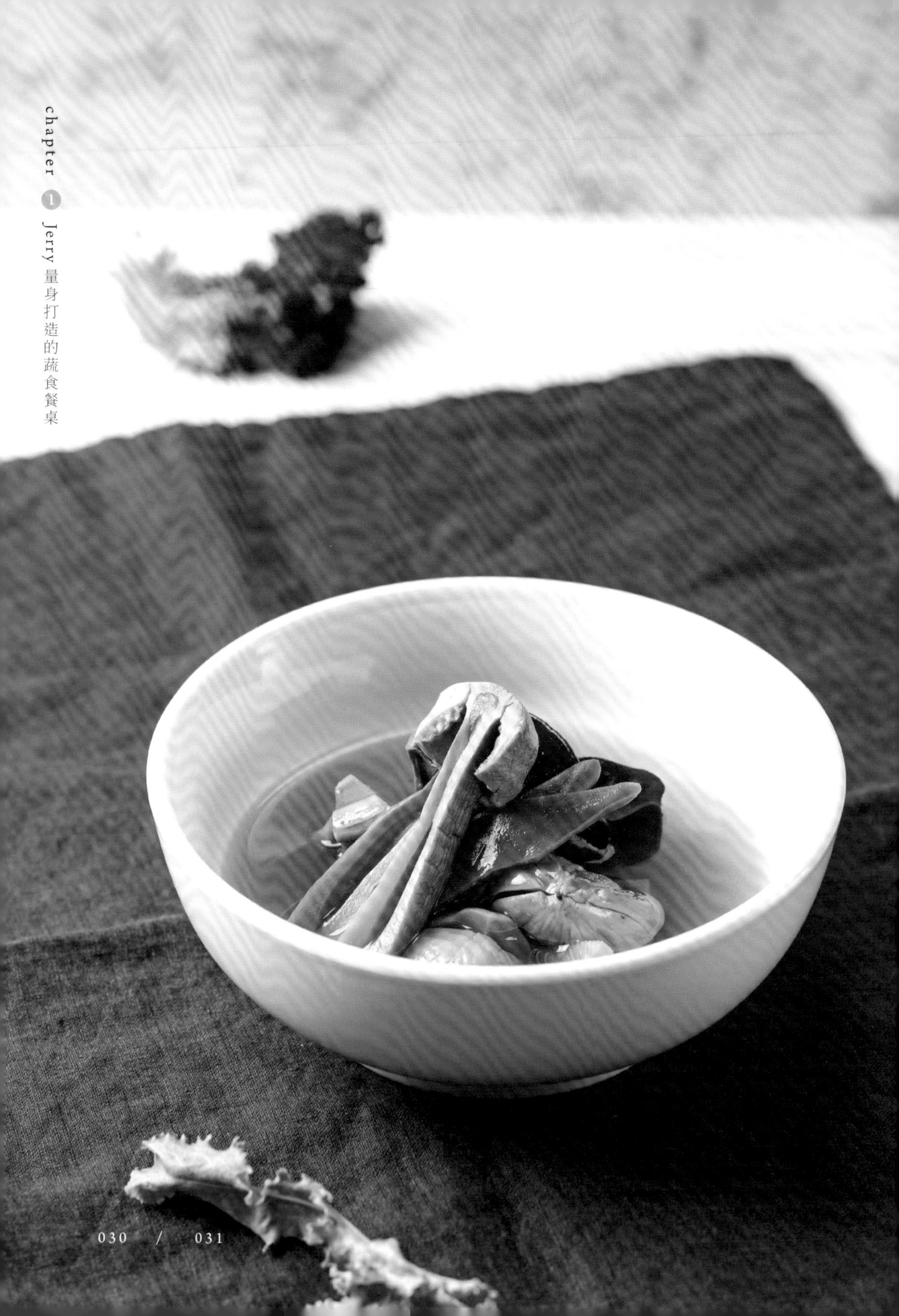

香檳茸
剝椒清湯

食材

香檳茸 1-2 朵　　蓮藕 50g

剝皮辣椒 1 條　　小秋耳 3-4 朵

栗子 2-3 顆　　　素高湯 500c.c.

調味料

鹽 1/4 大匙

胡椒粉 少許

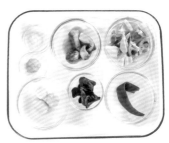

素高湯作法參考 P151
或是以市售高湯粉泡水使用

作法

1 蓮藕削皮後切滾刀塊。香檳茸事先泡水備用（泡軟後對半縱切，保留泡發用的水）。
　　T.I.P 小秋耳若使用乾貨亦須先泡發。

2 鍋中放入蓮藕、栗子、香檳茸（連同泡發的水）、剝皮辣椒與 1 大匙剝皮辣椒汁、小秋
　　耳及素高湯。ⓐ

3 煮至水滾後，轉小火續煮 30 分鐘。ⓑ

4 起鍋前加鹽、胡椒粉調味，盛皿即完成。ⓒⓓ
　　T.I.P 此道湯品也可用電鍋完成，將所有食材放入內鍋後，電鍋外鍋倒 1 杯水，蒸至開關
　　跳起，起鍋再調味即可。

酥炸丸子香料
番茄湯

丸子材料

板豆腐 200g

香菇（切碎）20g

沙拉筍（切碎）20g

冬菜（切碎）10g

芹菜（切碎）10g

九層塔（切碎）5g

迷迭香 1/4 大匙

太白粉 2 大匙

鹽 少許

胡椒粉 少許

番茄湯材料

牛番茄（切丁）200g

西芹（切丁）50g

九層塔葉 10g

牛番茄（切碎）5 大匙

番茄醬（或番茄糊）1 大匙

鹽 少許

胡椒粉 少許

紅椒粉 少許

奶油 1/2 大匙

素高湯 500c.c.

裝飾

牛番茄（切塊）1 顆

新鮮羅勒 適量

新鮮迷迭香 適量

素高湯作法參考 P151
或是以市售高湯粉泡水使用

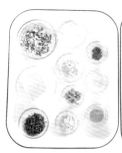
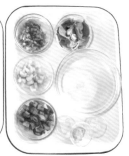

作法

1 取一個調理碗，放入所有丸子材料，用手翻拌壓碎均勻。ⓐⓑ

2 將丸子材料捏塑成圓球狀後，入油鍋以小火炸至呈金黃色，撈出瀝油備用。ⓒⓓ

3 取調理機將西芹、牛番茄丁、九層塔葉、素高湯均勻攪碎後，倒入加熱用的鍋子。ⓔⓕ
　　T.I.P 湯汁的泡沫不用特地濾掉，在烹煮過程中會自行消失。

4 湯汁煮滾後，再放入番茄醬、鹽、胡椒粉、紅椒粉以及切碎番茄。ⓖ

5 最後放入裝飾用的番茄塊略微煮軟，再加入奶油使其溶化即可。ⓗ

6 將番茄湯盛皿，擺上炸丸子，再以新鮮羅勒與迷迭香裝飾即完成。ⓘ

文青主廚Jerry的
手繪圖＆擺盤設計理念

《香檳茸剝椒清湯》

香檳茸即為營養價值極高的巴西蘑菇。
自然散發濃郁香氣的香檳茸，
使湯品的整體厚實感更加倍。
而配角剝皮辣椒則引出微辣感，
可以刺激味蕾，並增加食欲。

用調理機將蔬菜與番茄打汁，
簡單就煮成人人喜愛的蔬菜湯。
再利用豆腐可吸附湯汁的特性，
將炸香後的香料豆腐丸子放入其中，
入口的同時能一併感受到蔬菜湯的清甜。

《酥炸丸子香料番茄湯》

義式蔬菜南瓜起酥派

食材

栗子南瓜（帶皮切塊）250g

西芹（切絲）50g

紅蘿蔔（切絲）50g

高麗菜（切絲）50g

紅甜椒（切絲）50g

羅勒（切絲）10 片

香菇（切片）50g

美白菇 1 朵

起酥片 4 片

起司片 2 片

蛋黃液 2 顆

調味料

橄欖油 少許

鹽 少許

糖 少許

黑胡椒 少許

百里香 1/4 大匙

俄力岡 1/4 大匙

奶油 2 大匙

黃芥末醬 1 大匙

作法

1 將栗子南瓜帶皮那一面朝向側邊，鋪排於烤盤上。淋上橄欖油、撒少許鹽巴後，用烤箱烤至略微焦化，取出放涼備用。ⓐⓑ

2 熱鍋下奶油，待其稍微融化後，加入香菇片與美白菇，炒至表面呈焦黃色且收汁。ⓒⓓ

3 接著放入紅甜椒絲、西芹絲、紅蘿蔔絲稍微拌炒一下，再加入高麗菜絲與羅勒絲，炒至香氣出來且蔬菜變軟。ⓔⓕ

4 起鍋前加入百里香與俄力岡，並以鹽、糖、黑胡椒調味，即可撈起備用。ⓖⓗ

5 桌上先鋪好保鮮膜，將四片起酥片稍微交疊鋪平成一大片，在巾間位置依序放上烤過的南瓜塊、塗抹黃芥末醬、鋪上炒好的蔬菜料，再蓋上起司片。ⓘⓙⓚⓛ

6 將起酥派捲起來後，拆開保鮮膜，在兩端用叉子壓出紋路。ⓜⓝⓞ

7 於表面塗上一層蛋黃液，放進預熱好的烤箱中，以 180°C 烤 15-20 分鐘，取出切塊即完成。ⓟⓠ

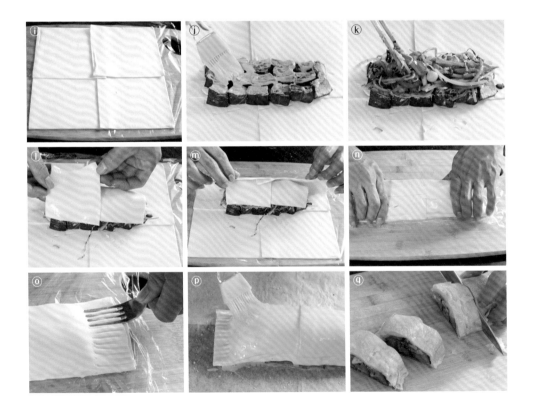

文青主廚Jerry的
手繪圖＆擺盤設計理念

《義式蔬菜南瓜起酥派》

用起酥皮包覆炒蔬菜絲，能充分鎖住各類蔬菜的香氣，
再搭配上鬆軟香甜的栗子南瓜。分切後，很適合做為套餐的主菜，
造型、風味與口感都讓人印象深刻。

牛肝菌奶油堅果 義大利麵

食材

義大利麵 100g

牛肝菌菇 6 朵

洋菇（切片）5 朵

蘆筍（切斜片）2 支

核桃（壓碎）50g

花生（壓碎）50g

帕瑪森起司粉 適量

乾燥巴西里 少許

新鮮巴西里碎 少許

調味料

鮮奶油 200c.c.

奶油 60g

牛肝菌菇水 250c.c.

鹽 適量

糖 適量

黑胡椒 適量

作法

1 將牛肝菌菇略洗淨後泡熱水泡開，再剝小塊備用（泡牛肝菌菇的水不要倒掉）。

2 準備一鍋滾水，下義大利麵煮約 4 分鐘，撈起備用。

3 熱鍋，先放入奶油稍微融化後，加入牛肝菌菇和洋菇片炒香。ⓐⓑⓒ

4 接著倒入鮮奶油、牛肝菌菇水、約 2/3 分量的核桃碎與花生碎、乾燥百里香一同燒熱。ⓓⓔⓕ

5 再放入煮過的義大利麵與蘆筍片，略煮 1-2 分鐘至麵條吸附醬汁，起鍋前用鹽、糖、胡椒調味。ⓖⓗⓘ

6 將義大利麵盛盤後，撒上起司粉、剩餘的核桃碎與花生碎，再加上新鮮巴西里碎裝飾即完成。ⓙ

紅酒野蔬雞豆燉飯

食材

白飯 1 碗

紅蘿蔔（切塊）40g

西芹（切塊）40g

小番茄 4 顆

秋葵 3 支

杏鮑菇（切塊）1/2 支

香菇 40g

洋菇 5 顆

鴻喜菇 1/2 包

鷹嘴豆 1 大匙

調味料

橄欖油 50c.c.

紅酒 3 大匙

百里香 5g

鮮奶油 50c.c.

番茄醬 1 大匙

糖 少許

鹽 少許

黑胡椒 少許

素高湯 300c.c.

裝飾

櫻桃蘿蔔 少許

九層塔葉 少許

素高湯作法參考 P151
或是以市售高湯粉泡水使用

作法

1 準備一個大容器，放入紅蘿蔔、西芹、小番茄、秋葵、杏鮑菇、香菇、洋菇、鴻喜菇，加上橄欖油、紅酒、百里香略微攪拌均勻。ⓐⓑ

    T.I.P 秋葵可先削除蒂頭的外皮，再撒鹽搓揉後沖洗乾淨，去除表面絨毛。而菇類只要用紙巾擦拭乾淨即可，不要用水清洗。

2 將蔬菜與菇類鋪到烤盤上，放進預熱好的烤箱中，以 180°C 烤約 20 分鐘至略焦。ⓒ

3 取出烤好的蔬菜，預留少許做為擺盤使用，其他加上素高湯，利用果汁機均勻攪打成泥後，倒回鍋中加熱。ⓓⓔ

4 接著放入白飯混合均勻，再加入鮮奶油與番茄醬拌勻。ⓕⓖ

5 最後以糖、鹽、黑胡椒調味，並拌入鷹嘴豆即可。ⓗ

6 將燉飯盛盤，擺上預留的烤蔬菜，並以櫻桃蘿蔔片、九層塔葉裝飾即完成。ⓘ

文青主廚Jerry的
手繪圖＆擺盤設計理念

《牛肝菌奶油堅果義大利麵》

設計主食菜單時，不論是做義大利麵或者是燉飯，
在配料選用上，除了以高價值的牛肝菌菇襯托出重要性，
也可從副食材提升料理的層次。這道主食便以
不同的堅果碎堆疊出香氣，
為整體加分。

Jerry

《 紅酒野蔬
雞豆燉飯 》

這道料理的醬汁是以西式手法製成。
香料蔬菜經烘烤後帶著略焦的香氣，並結合了紅酒香，
加高湯一同攪碎後回鍋加熱調味，便做成醬汁。
每一口飯，都能感受到吸滿了濃郁風味，
再搭配鷹嘴豆及烤蔬菜，亦能增加口感。

雲朵焦糖
莓果披薩

餅皮材料

高筋麵粉 120g

鹽 2g

糖 5g

乾酵母 3g

橄欖油 1 大匙

溫水 75c.c.

配料

起司絲 30g

藍莓 適量

棉花糖 適量

薄荷葉 2 片

醬汁

奶油 30g

蜂蜜 30g

糖 50g

鹽 1 大匙

鮮奶油 90c.c.

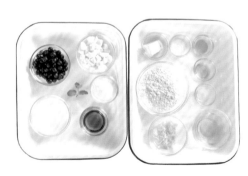

作法

1 準備一個大調理盆放入麵粉，將乾酵母先加少許的水調開後倒入麵粉中，並加入鹽與糖。慢慢分次倒入 30-40°C 左右的溫水，將麵粉搓揉成團。ⓐⓑ

2 接著加入橄欖油，揉至麵團表面成光滑狀態後，把麵團往底部收攏。ⓒⓓⓔ

3 將揉好的麵團放置到玻璃碗內，蓋上保鮮膜靜置 40 分鐘使其發酵。待麵團發酵膨脹到原本的一倍大後取出。ⓕ

4 在檯面撒上手粉後放上麵團，再均勻撒上手粉，拿起麵團用手拉開後，再用手指撐開麵皮。ⓖⓗⓘⓙ

5 用叉子在麵皮上搓洞後，放入預熱好的烤箱，以 220°C 烤 8-10 分鐘至金黃上色，即製作成披薩皮。ⓚ

6 將奶油、蜂蜜、糖、鹽入鍋煮成焦糖色，再放入鮮奶油拌勻，即完成醬汁。ⓛⓜ

7 在披薩皮上先塗抹醬汁，再撒上起司絲、棉花糖、藍莓，放入烤箱回烤 5 分鐘，最後以薄荷葉裝飾即完成。ⓝⓞⓟⓠ

DESSERT
甜　　點

全麥巧克力
香蕉肉桂捲

材料

全麥吐司 4 片　　麵包粉 適量

香蕉 1 根　　　　鮮奶油 1 碗

肉桂粉 1/2 大匙　巧克力醬 1 小包

白砂糖 5 大匙　　糖粉 少許

雞蛋液 1 顆

作法

1 將鮮奶油打發後，裝入擠花袋中並套上花嘴，放入冰箱冷藏備用。

2 將肉桂粉與砂糖放入調理碗中混合均勻。ⓐ

3 香蕉對切成 4 等分後，放入肉桂糖中均勻沾裹。ⓑⓒ

4 全麥吐司去邊後，用擀麵棍前後擀壓，再放上香蕉捲起。ⓓⓔ

5 捲到收尾處時，用蛋液塗抹在吐司邊緣再封口，再於兩端開口處沾上蛋液，並裹少許麵包粉。ⓕⓖ

6 將香蕉捲放入油鍋中炸至金黃上色，即可取出。ⓗ

7 在盤子上擠出打發鮮奶油、畫上巧克力醬，擺上炸好的香蕉捲，再利用小篩網撒上糖粉即完成。ⓘ

文青主廚Jerry的
手繪圖＆擺盤設計理念

《雲朵焦糖莓果披薩》

運用白色棉花糖與藍莓的搭配，在手作薄餅皮上營造雲朵的意境。

而起司絲的鹹度會中和焦糖的甜，使整體不易膩口。

即使做為餐點的最後一道，

也讓人忍不住伸手

多拿一片。

《全麥巧克力香蕉肉桂捲》

這道點心起初是專為不擅長做甜點的初學者所設計。

以現成吐司做為介質，捲入沾裹肉桂糖的香蕉，

當內部香蕉條經過油炸加熱後，已熟化成果泥，

便形成外酥內軟的雙重口感。

搭上鮮奶油或是冰淇淋，

將會是整套餐點最完美的收尾。

Jerry

Chapter **2**

從「前菜」開始
豐盛美好的素系生活

○ ● ○ ○ ○

南瓜
玉子沙拉

食材

雞蛋 5 顆
栗子南瓜 200g
鮮奶油 10c.c.
鹽 少許

沙拉醬

美乃滋 50g
藍莓果醬 1 大匙
檸檬汁 1 大匙

裝飾

生菜 80g
核桃 50g
藍莓 少許

作法

1 將所有雞蛋分成「5 顆蛋白加 1 顆蛋黃」跟 4 顆單純蛋黃。蛋白蛋黃液加少許鹽巴，打勻後用篩網過濾備用。單純蛋黃加入鮮奶油一起打勻備用。
T.I.P 蛋液中加鹽巴能提升甜分，依據個人口味添加即可。

2 將栗子南瓜切塊、去籽後，事先蒸熟。準備一個長方形容器，南瓜皮朝下、鋪在容器底部，接著倒入蛋白蛋黃液，用預熱好的電鍋蒸 6 分鐘。ⓐ

3 把美乃滋、藍莓果醬、檸檬汁拌勻，製成沙拉醬。ⓑ

4 在蒸好的作法 2 中倒入蛋黃鮮奶油液，續蒸 5 分鐘。取出後泡冰水或冷藏至形狀更凝固。ⓒ
T.I.P 建議放入冰箱冷藏一個晚上，讓水分揮發，形狀和口感都會更理想。

5 將冷卻的南瓜玉子切片。盤子上先用沙拉醬畫裝飾，擺上南瓜玉子後，再加上生菜、剝小塊的核桃及些許藍莓即完成。ⓓ

利用栗子南瓜綿密軟 Q 的特性與雞蛋做結合，
再以三色蛋概念來做變化，
呈現色澤分明的南瓜、蛋黃與蛋白。
搭配藍莓口味沙拉醬以及香脆的堅果，
不論是做為熱食或冷食都很合適。

示範影片

香草栗子
南瓜沙拉

在南瓜、地瓜與栗子中加入奶油起司及桂花蜜翻拌，
再搭配爽口生菜，整體口感香甜而富有層次。

食材

栗子南瓜 400g

地瓜 200g

蜜栗子 200g

奶油起司 100g

醬汁

美乃滋 300g

桂花蜜 15g

香草精 適量

裝飾

綜合堅果 適量

酸模 適量

食用花 適量

作法

1 地瓜去皮、栗子南瓜去皮去籽，兩者都切成適口大小後蒸熟。

2 準備熱油鍋（溫度約 110-120℃），將蒸熟的地瓜跟南瓜分別炸至金黃，撈起放涼。ⓐⓑ

3 將放涼的南瓜與地瓜放入調理盆中，加入切丁的奶油起司與切半的蜜栗子，再倒入桂花
蜜、美乃滋與香草精，攪拌均勻即可盛盤。ⓒⓓ

TIP　⋯⋯⋯⋯⋯⋯⋯⋯⋯⋯⋯⋯⋯⋯⋯⋯⋯⋯⋯⋯⋯⋯⋯⋯⋯
　　⋯⋯⋯

4 最後撒上綜合堅果，擺上酸模、食用花做裝飾即完成。

示｜範｜影｜片

酸辣秋葵
腐皮捲

腐皮包裹秋葵後入鍋煎至酥香，
淋上微酸微辣的越式醬汁，
和清脆多汁的豆薯一起入口，
滋味香脆、滑口又清爽！

食材

秋葵 10 支

濕腐皮 5 塊

豆薯 80g

紅、黃甜椒（切丁）50g

牛番茄（切丁）1 顆

辣椒（切碎）1 條

酸黃瓜（切碎）1 大匙

香菜 適量

太白粉 適量

沙拉醬

味醂 100c.c.

鹽 少許

糖 2 大匙

檸檬汁 1 大匙

作法

1　將秋葵的蒂頭用削鉛筆般的方式削去邊緣後，用滾水汆燙 3-4 分鐘，撈起泡冰水放涼。ⓐⓑ

2　將腐皮切成約等同秋葵的長度後，攤開撒上些許太白粉，擺上一支秋葵捲起。依序完成所有腐皮捲。ⓒⓓⓔ

3　平底鍋倒入適量油燒熱後，用小火將腐皮捲煎至各面都呈金黃焦脆的狀態後夾起。ⓕ

4　在同一熱鍋中放入紅黃甜椒丁、牛番茄丁拌炒，再倒入味醂。ⓖ

5　煮滾之後加入酸黃瓜碎、鹽、糖，最後加入檸檬汁、辣椒碎，即製成醬汁。ⓗⓘ

　　T.I.P 烹調酸辣醬汁時如感到口有點，若味太嗆，需先開火除酸。

6　豆薯切條後泡冰水去掉表面澱粉，使其變脆後瀝乾。將豆薯先盛盤，再擺上腐皮捲、淋上醬汁，最後以香菜點綴即完成。ⓙ

這裡的涼粉是用越南春捲皮做創意變化，
用溫水泡軟後塗抹花椒油再切成粗條。
搭配各種爽脆的蔬菜絲，並淋上醬汁與冷高湯，
就完成一道適合夏天的開胃料理。

川味涼粉

食材

越南春捲皮 3-4 張

紅甜椒（切絲）1/4 顆

黃甜椒（切絲）1/4 顆

小黃瓜（切絲）1/2 條

酸菜（切碎）2 大匙

花生（搗碎）2 大匙

花椒油 A 適量

素高湯 適量
（素高湯作法參考 P151，或
是以市售高湯粉泡水使用）

醬汁

花椒油 B 3 大匙

辣油 3 大匙

薑末 1 小匙

醬油 6 大匙

鹽 1 大匙

糖 1 大匙

芝麻醬 1 小匙

辣椒粉 1 大匙

烏醋 4 大匙

香油 3 大匙

作法

1 準備一鍋溫熱水,將越南春捲皮泡約 30 秒至軟化。ⓐ

2 把泡軟的春捲皮疊放在砧板上,並抹上防沾黏用的花椒油 A 後,切
成約 0.7cm 的寬條。ⓑⓒ

3 在鍋內倒入花椒油 B、辣油後,煸香薑末。ⓓ

4 一邊攪拌一邊依序放入醬油、鹽、糖和芝麻醬拌勻。ⓔⓕ

5 接著加入辣椒粉、烏醋,煮滾後加入香油即可熄火。ⓖⓗ

6 將春捲皮放在碗中央,疊上甜椒絲、小黃瓜絲、酸菜碎、花生碎後,
淋上醬汁、倒入冷的高湯即完成。ⓘⓙ

五穀豐收
白玉捲

腐皮捲食材

白菜 6 片

濕腐皮 2-3 塊

素香鬆 50g

美國蘆筍 2 支

紅蘿蔔（長條）1 支

紫山藥（長條）1 支

地瓜（長條）1 支

鋪底炒料

香菜末 5g

薏仁 100g

玉米粒 100g

青豆仁 100g

枸杞 50g

松子 10g

鹽 適量

胡椒粉 適量

素高湯 50c.c.

醬汁

素高湯 200c.c.

奶油 10g

太白粉水 適量

素高湯作法參考 P151
或是以市售高湯粉泡水使用

這道菜餚原本是特地為年節所設計，
利用炒香的穀物與豆類鋪底，
上方搭配五色蔬果捲，再淋上高湯薄芡，
整體色彩繽紛，象徵一整年穀物豐收之意。

作法

1 蘆筍燙熟，紅蘿蔔條、紫山藥條、地瓜條蒸熟備用。白菜燙熟後鋪平，將葉梗削薄後備用。ⓐ

2 將腐皮攤開後鋪在竹簾上，擺上蘆筍、紅蘿蔔條、紫山藥條、地瓜條，均勻撒上素香鬆，接著像包壽司般把它捲起。ⓑⓒⓓⓔ

3 再將白菜鋪在竹簾上，放上腐皮捲，一樣用包壽司的方式捲起，接著進電鍋蒸 4-5 分鐘。ⓕⓖⓗⓘ

T.I.P 每往前捲一次就拍微向後拉緊實，避免鬆脫。

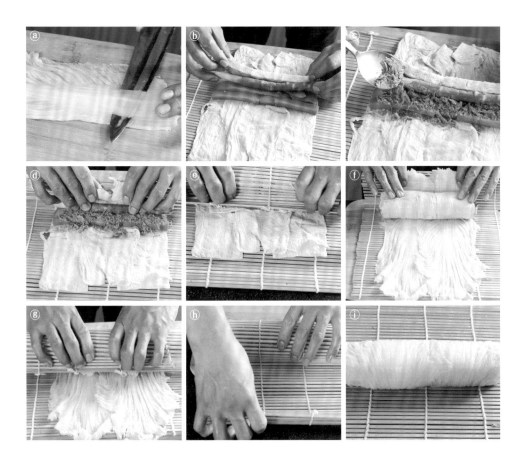

4 熱鍋倒入少許油後放入香菜末，轉小火炒香，再放入薏仁、玉米粒、青豆仁、枸杞，轉中大火翻炒。ⓙ

5 接著加入素高湯稍微煮一下，再用鹽、胡椒粉調味，炒到收汁，起鍋前下松子。ⓚⓛ

6 另備一熱鍋加入高湯、奶油煮到滾後，倒入太白粉水勾出稠度，製成醬汁。ⓜⓝ

7 將作法 5 的炒料盛盤，再擺上蒸好並切片的白玉捲，最後淋上醬汁即完成。ⓞ

示｜範｜影｜片

香料烤蔬菜

食材

蘆筍 2 支	紫洋蔥 1/4 顆
四季豆 4 支	玉米筍 4 支
黃甜椒 1/2 顆	小番茄 6 顆
紅甜椒 1/2 顆	洋菇 5 顆
小黃瓜 1 條	香菇 3 朵
紫高麗菜 2 片	蒜頭 2 顆

調味料

新鮮迷迭香 適量
新鮮百里香 適量
鹽 適量
橄欖油 適量
葡萄酒醋 2 大匙

配食

法國麵包 1 條

作法

1 把小番茄以外的所有蔬菜與菇類切成適口大小（盡量大小一致才能均勻受熱），蒜頭則用刀背壓扁。

2 取一大調理盆放入所有食材後，撒上迷迭香、百里香、鹽，並淋上橄欖油、葡萄酒醋，全部攪拌均勻。ⓐⓑ

3 將拌好的食材均勻平鋪於烤盤上，放入預熱好的烤箱，以 180℃ 烤 20-30 分鐘。烤的過程中可以適度翻動食材幫助受熱。ⓒⓓ

4 將烤好的蔬菜盛盤，搭配烤過的法國麵包切片享用。

TIP

示範影片

利用橄欖油做為介質，融合蔬菜香甜及香料風味，
蔬菜沒有種類的限制，依個人喜好搭配就好了。
當配菜運用或佐麵包享用，都是很棒的選擇。

素月亮蝦餅

利用百頁豆腐本身的紮實口感，
以及南瓜、馬鈴薯澱粉質的黏著度拌成內餡，
壓入餅皮中油炸後，外皮酥脆，中間多汁 Q 彈，
吃過的人都給予高度好評。

食材

春捲皮 2 張
百頁豆腐 1 條
豆薯（切丁）20g
南瓜（切丁）30g
紅蘿蔔（切丁）20g
馬鈴薯（切丁）30g
美白菇（切細）50g

調味料

玉米粉 1 大匙
昆布粉 1 小匙
鹽 少許
胡椒粉 少許
香油 1 小匙
麵糊（麵粉＋水）少許

醬汁

香茅（切碎）1 支
檸檬葉（切碎）3 片
辣椒（切碎）1 條
香菜（切碎）1 株
檸檬汁 50c.c.
糖 2 大匙
玉米粉水 少許

作法

1 將切成小丁狀的豆薯、南瓜、紅蘿蔔、馬鈴薯蒸熟備用。白貞豆腐放在袋子中捏成碎狀備用。

2 取一個大調理盆，放入百頁豆腐、豆薯、南瓜、紅蘿蔔、馬鈴薯、美白菇，接著加入玉米粉、昆布粉、鹽、胡椒粉、香油。將全部材料均勻攪拌成泥，製成內餡。ⓐⓑ

3 在一張春捲皮的中間填入內餡後，邊緣處塗上麵糊，再蓋上另一張春捲皮，壓一壓使其密合，並於表面戳洞。ⓒⓓⓔⓕ

4 放入油鍋（溫度約 120-130°C），用中火炸至兩面金黃即可。ⓖⓗ
T.I.P 反起時熱油淋在春捲皮上，確認上面層一層金熟後再翻面，這樣就能更入味酥脆，才能呈現美麗金黃。

5 取另一鍋放入糖，稍微拌炒一下，融化到有點變色，再加入檸檬汁以及香茅碎、檸檬葉碎、辣椒碎煮開。ⓘⓙⓚ

6 待香氣釋出後，加玉米粉水勾芡，再拌入香菜碎，起鍋放涼即為醬汁。ⓛⓜ

7 將素月亮蝦餅切片盛盤，再附上醬汁一起享用。

示 範 影 片

乾煸四季豆

這道菜是以葷食的手法轉換而來。
用菜脯與薑末的香氣取代肉末炒香後，
加入四季豆與豆乾絲翻炒，表現另一種風味。

食材

四季豆 200g

豆乾 100g

菜脯 50g

薑末 1 大匙

辣椒 1/2 條

調味料

醬油膏 3 大匙

糖 1/2 大匙

水 少許

作法

1　四季豆去頭尾跟粗筋，切成 3 等分。豆乾橫剖對半後再切細條。菜脯過水，切成碎屑。
　　辣椒切末。

2　先取一熱油鍋（油溫 130-140°C），放入豆乾絲，炸約 3-4 分鐘至偏乾後取出。ⓐ
　　T.I.P 豆乾易碎不耐炸，第一面不必全乾分，之後翻面時再將另一面炸乾。

3　接下來放入四季豆油炸，待油炸氣泡較緩和便可攪動四季豆，炸熟即可取出。ⓑ
　　T.I.P 四季豆因形狀較大，入鍋油炸容易噴油，可先將表面水分擦乾一些。

4　取另一鍋下少許油，先將薑末煸到稍微收乾後，依序加入菜脯碎、辣椒末
　　拌炒，接著加入醬油膏、糖、水煮開。ⓒ

5　待醬料收汁後，加入四季豆與豆乾絲快速拌一拌即完成。ⓓ

示　範　影　片

金銀翡翠
蛋絲羹

翡翠色澤是以菠菜混合蛋白製成，
製作時需注意油溫勿過高，
以油泡方式處理更能得到良好效果。
利用鹹蛋、皮蛋增色，既好看又大器。

食材

皮蛋（蒸過，切丁）1 顆
鹹蛋（切丁）1 顆
娃娃菜（切絲）2 顆
金針菇（切段）1 把
美白菇（切細）1 朵
筍子（切絲）50g
蛋黃 2 顆
薑末 1 小匙

翡翠食材

菠菜（切段）1 株
新鮮巴西里 1 朵
水 80c.c.
蛋白 2 顆
太白粉 1 大匙

素高湯作法參考 P151
或是以市售高湯粉泡水使用

調味料

鹽 少許
胡椒粉 少許
糖 少許
香油 1 小匙
玉米粉水 適量
素高湯 600c.c.

作法

1 製作翡翠：菠菜、巴西里、水放入果汁機中打成汁。ⓐ

2 用濾網過濾菠菜汁，再混合蛋白、太白粉，用打蛋器攪拌均勻成菠菜蛋液。ⓑⓒ

3 備一鍋油加熱至 70-80°C，倒入菠菜蛋液，用湯匙在鍋中以畫 8 的動作持續攪動，使菠菜蛋液呈散碎的顆粒狀並浮起後，即可過濾撈出。ⓓⓔ

4 將菠菜蛋液泡在冰水中，待定型後再撈出。ⓕ

　　T.I.P 可以用較乾淨比較大顆或黏結在一起的菠菜蛋液撥開，變得中小型。

5 熱鍋後下少許油，煸少許薑末，並放入美白菇、金針菇段、娃娃菜絲、筍絲炒軟。ⓖⓗⓘ

6 接著下素高湯，蓋鍋蓋煮滾後，加鹽、胡椒粉、糖調味，勾芡玉米粉水，接著倒入蛋黃液，製作蛋絲。ⓙⓚⓛ

7 最後放入翡翠、鹹蛋丁、皮蛋丁，煮至略滾後關火，再加入香油即完成。ⓜⓝⓞ

示｜範｜影｜片

素香蟹黃豆腐煲

這是一道傳統素餚，在各大素食餐廳都可見其蹤跡。
用湯匙將紅蘿蔔及南瓜果肉刮下，滾煮成仿蟹黃芡汁，
再搭配雞蛋豆腐、滴點香油，倒入砂鍋時香氣直衝而來。

食材

紅蘿蔔 200g

南瓜 150g

雞蛋豆腐 2 盒

青豆仁 80g

芹菜（切末）50g

薑末 少許

香菜 適量

調味料

胡椒粉 少許

鹽 適量

糖 適量

玉米粉水 少許

香油 少許

水 400c.c.

作法

1 利用湯匙把紅蘿蔔、南瓜刮成屑。ⓐ

2 熱鍋倒入少許油，先放入薑末、芹菜末爆香，再加入南瓜屑、紅蘿蔔屑炒香。ⓑ

3 加入青豆仁、水煮滾後，加入鹽、糖與胡椒粉調味。ⓒ
T.I.P 新鮮青豆仁需要的時間比較久，冷凍青豆仁回鍋煮即可。

4 接著加入切小塊的雞蛋豆腐，煮滾後倒入玉米粉水勾芡即可。ⓓ
T.I.P 豆腐下鍋後，記得不要攪拌太大用，才能保持完整形狀。

5 將煮好的豆腐煲倒進燒熱的砂鍋內，擺上芹菜末與香菜點綴，最後再淋上香油即完成。

示 範 影 片

Chapter 3

葷食者也驚豔的
蔬食「主菜」

○ ○ ● ○ ○

芋香紅燒獅子頭

用芋頭本身的黏性混合豆腐、菇類等料，
裹成球狀後炸定型即為素獅子頭。
油炸一方面可增加香氣，也能提升穩定度。
再加入娃娃菜及醬汁煨煮，風味香醇濃郁。

食材

芋頭 1/2 顆

百頁豆腐 1 條

乾香菇（泡發切碎）100g

洋菇（切碎）50g

豆薯（切碎）80g

娃娃菜 4 顆

香菜 1 株

熟銀杏 30g

調味料

醬油 2 大匙

糖 少許

胡椒粉 少許

香油 少許

素高湯 200c.c.

醃料

醬油 2 大匙

胡椒粉 少許

糖 1/2 大匙

玉米粉 3 大匙

太白粉 適量

素高湯作法參考 P151
或是以市售高湯粉泡水使用

作法

1 將芋頭去皮切小塊後蒸軟。百頁豆腐捏碎備用。

2 取一個大調理碗,放入芋頭、百頁豆腐,以及香菇碎、洋菇碎、豆薯碎,再加入醬油、胡椒粉、糖,用手拌勻至味道入味後,加入玉米粉拌揉到有黏稠感即可。ⓐⓑⓒ

3 接著搓成一顆顆圓球後,裹上一層薄薄的太白粉。ⓓⓔⓕ
　　T.I.P 圓球必須捏紮實,以免油炸時鬆開。

4 放入淺油鍋(油溫約 130-140°C)中,油炸 30 秒到 1 分鐘,等底部定型後翻面,炸至上色後取出濾油備用。ⓖⓗ
　　T.I.P 表皮要稍微炸到偏深色的硬度(不要燒焦),接下來烹煮時才不會散開。

5 另外準備一個鍋子,倒入少許油後加入糖炒到略焦化,再加入醬油、素高湯、胡椒粉拌勻。ⓘⓙ

6 放入炸好的素獅子頭、鋪上娃娃菜、加入銀杏,最後蓋上鍋蓋煮大約 15 分鐘,煮至娃娃菜變軟後淋上香油即完成。盛盤後,擺上香菜點綴。ⓚⓛⓜ

橙汁素排骨

老油條中填入芋頭餡及豆薯條，
再沾裹麵糊炸酥，使外型及香氣更為擬真。
醬汁部分除了使用新鮮柳橙汁，
另外添加少許檸檬汁，更能提升味蕾感受。

食材

芋頭 1/2 顆

油條（切段）2 根

豆薯（切條）1/4 顆

紅甜椒（切菱形丁）1/4 顆

黃甜椒（切菱形丁）1/4 顆

青豆仁 1 小碗

香菜 1 株

奶油 30g

麵糊

中筋麵粉 1 碗

卡士達粉（或酥炸粉）1 碗

水 適量

調味料

柳橙原汁 1 碗

檸檬汁 少許

糖 適量

鹽 適量

玉米粉水 少許

作法

1 將芋頭去皮切小塊後蒸軟、壓成泥狀，再加入常溫回軟的奶油壓
拌均勻後，放入擠花袋（或塑膠袋）中備用。ⓐⓑⓒ

2 油條用筷子鑿空後，填入芋泥約 7-8 分滿，再將豆薯條塞入，用
手稍微壓實塑型。ⓓⓔⓕⓖ
T.I.P 豆薯的長度要比油條略長，仿造出排骨的模樣。

3 將麵糊先調勻備用。把素排骨均勻裹上麵糊，放入淺油鍋（油溫
約 110-120°C）中，以中火炸約 5-6 分鐘至外層變酥脆並呈金黃
色澤，即可撈出瀝油。ⓗⓘⓙ
T.I.P 麵糊不用裹太厚，才能維持排骨的形狀。

4 取另一鍋子放入柳橙汁、檸檬汁略煮滾後，加入鹽跟糖調味，並
加入玉米粉水略微勾芡，接著加入甜椒丁與青豆仁拌勻。ⓚⓛ

5 最後把炸好的素排骨擺盤，並淋上作法 4 的芡汁與蔬菜，再擺上
香菜裝飾即完成。ⓜ

將小香菇襯為底座，
嵌入混勻的馬鈴薯蔬菜泥，
以可樂餅的概念做成迷你的素漢堡排。
再搭配番茄與生菜組合成漢堡，
口感相當紮實。

錦蔬起司漢堡排

素漢堡排食材

馬鈴薯（切塊）1 顆　　　鹽 少許

青花菜（切碎）1 朵　　　糖 少許

紅蘿蔔（切小丁）1/4 根　黑胡椒 少許

玉米粒 1 大匙　　　　　　起司粉 2 大匙

鮮香菇 6 朵　　　　　　　麵包粉 適量

奶油 20g　　　　　　　　麵粉 適量

其他食材

漢堡麵包 1 個

美生菜（或其他生菜）2 片

起司片（切半）1 片

美乃滋 適量

作法

1　將馬鈴薯事先蒸軟，青花菜、紅蘿蔔、玉米粒皆燙熟備用。

2　取一個大調理碗，放入馬鈴薯塊、青花菜碎、紅蘿蔔丁、玉米粒，以及室溫
　回軟的奶油、鹽、糖、黑胡椒、起司粉，將所有食材攪拌均勻。
　T.I.P 如果喜歡較軟綿的口感，就將食材搓揉到完全呈泥狀。

3　將香菇裹上一層薄薄的麵粉後，嵌入作法 2 的內餡，並捏成小圓餅狀。ⓐⓑ
　T.I.P 用一手旋轉香菇，另一手按壓，將內餡與香菇緊實地塑形在一起。

4　塑形後先撒上一點麵粉，並在外圍均勻沾裹上一層麵包粉。

5　放入淺油鍋（油溫約 120-130℃）中，先將香菇面朝上，讓餡料炸至定型後再
　翻面，炸至兩面金黃上色即可取出瀝油。ⓒ

6　將麵包剖半，放入乾鍋中略煎至上色（或是用烤箱加熱亦可）。

7　組裝漢堡：在麵包上淋美乃滋、擺上生菜與素漢堡排、起司片即完成。ⓓ

示｜範｜影｜片

太陽蛋鑲餅
蒸絲瓜

運用芋頭及豆腐模擬出肉漿般的口感，
並以翠綠絲瓜圍邊、太陽蛋綴飾出清新討喜的外型。
利用破布子做調味，整體風味既清甜又回甘。

食材

絲瓜 1/2 條	洋菇（切碎）25g
芋頭 1/4 顆	豆薯（切碎）40g
百頁豆腐 1/2 條	薑末 1 小匙
雞蛋豆腐 1/2 盒	雞蛋（蛋白、蛋黃分開）1 顆
香菇（切碎）50g	破布子 1 大匙

調味料

太白粉 1 大匙
醬油 1 小匙
香菇精（或昆布粉）1 大匙
太白粉水 適量
香油 適量

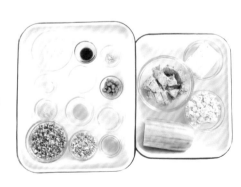

作法

1 將芋頭去皮切塊後蒸軟。百頁豆腐捏碎備用。

2 絲瓜削皮後，切成約 0.7-0.8 公分的半圓形厚片，順著盤緣圍成一圈備用。ⓐⓑ

3 取一個大調理碗，放入芋頭、百頁豆腐、雞蛋豆腐壓成泥。ⓒⓓ

4 加入香菇碎、洋菇碎、豆薯碎、薑末，再加入太白粉、蛋白、醬油、香菇精，充分拌勻至黏稠。ⓔⓕⓖ

5 拌勻後塑成圓餅狀，鋪在絲瓜中間，並在中央擺上蛋黃、淋上破布子後，蒸約 5 分鐘。ⓗⓘⓙ

6 蒸好後，將作法 5 中蒸出的湯汁倒入小鍋中，加入太白粉水、香油，煮滾後回淋到蒸絲瓜即完成。ⓚⓛⓜ

焗烤錦蔬
娃娃菜

奶油焗烤白菜是很常見的餐廳菜，但娃娃菜更為脆口。
以西式手法搭配奶油白醬及各種菌菇，
除了能充分品嚐到蔬菜清甜，更多了濃郁的奶油香氣。

食材

娃娃菜（切段）1 顆

洋菇（切片）5 朵

香菇（切片）5 朵

杏鮑菇（切片）1 支

金針菇（切段）1 包

玉米粒 3 大匙

起司絲 80g

調味料

奶油 50g

百里香 少許

鹽 少許

糖 少許

胡椒粉 少許

起司粉 少許

白醬

奶油 50g

麵粉（低筋或中筋）50g

牛奶 400c.c.

鮮奶油 50c.c.

鹽 少許

胡椒粉 少許

作法

1 將 50g 奶油下鍋加熱至融化後，轉小火，放入麵粉炒香。ⓐⓑ

2 分兩次倒入牛奶，將麵團攪開，炒出稠度。ⓒⓓ
   T.I.P 牛奶要分次倒入，確認與麵團充分炒勻後再倒入第二次。

3 再加入鮮奶油攪勻，熬煮過程中須持續攪拌，最後加鹽、胡椒粉
   調味，即製成白醬。ⓔⓕⓖ

4 取另一鍋子倒入少許油，先放入洋菇片炒香，再加入香菇片、杏
   鮑菇片、金針菇，炒到變軟且呈焦黃色。ⓗ

5 接著依序加入娃娃菜、玉米粒、百里香，翻炒至蔬菜變軟。ⓘ
   T.I.P 加入娃娃菜後可以蓋鍋蓋燜 2-3 分鐘，開蓋翻拌一下再燜
        2-3 分鐘，使其均勻受熱。

6 起鍋前加入鹽、糖、胡椒粉調味，最後加入 50g 奶油拌至融化後，
   將少許白醬與鍋中的蔬菜料混合。ⓙⓚ

7 盛盤，上方再依序鋪滿白醬、起司絲、起司粉，放入預熱好的烤
   箱，以 150°C 烤 15 分鐘即完成。ⓛⓜⓝ

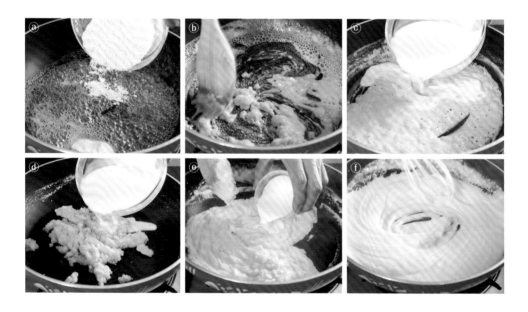

切成滾刀塊的杏鮑菇面積較大，
能夠在咀嚼同時感受到纖維的口感，
以及包裹在外層、
結合蜂蜜的醬汁風味。

蜜汁醬燒杏鮑菇

食材

鍋粑 4 片
杏鮑菇 3 支
小番茄 5 顆
薑末 20g
白芝麻 少許
香菜 少許

炸粉

雞蛋 1 顆
麵粉 適量
地瓜粉 適量

調味料

醬油 3 大匙
米酒 2 大匙
糖 1 大匙
蜂蜜 2 大匙

作法

1 將杏鮑菇切滾刀塊後，依序裹上麵粉、雞蛋液、地瓜粉，放入油鍋（油溫約 180-200°C）中炸至呈金黃色，取出瀝油。ⓐ

2 取另一鍋子倒入少許油，炒香薑末後，依序加入醬油、糖、米酒、蜂蜜煮開。ⓑ

3 最後加入炸過的杏鮑菇收汁，再加入切半的小番茄拌勻即可。ⓒ

4 盤底先擺鍋粑，再放上醬燒杏鮑菇、撒上白芝麻、香菜點綴即完成。ⓓ

示｜範｜影｜片

泰式錦蔬
椰汁咖哩

以泰式香料提升咖哩風味，
再以椰奶中和，使整體更加滑順。
蔬菜建議先過油或汆燙再放入咖哩中，
避免久煮失去口感。

食材

馬鈴薯 1 顆

杏鮑菇 2 支

香菇 5 朵

茄子 1 條

四季豆（或蘆筍）2-3 支

小番茄 5 顆

南薑 30g

香茅 30g

檸檬葉 30g

九層塔 50g

檸檬汁 適量

調味料

素咖哩粉（或咖哩塊）5 大匙

辣椒粉（或紅椒粉）1 大匙

椰奶 200c.c.

鹽 適量

糖 適量

素高湯 適量

素高湯作法參考 P151
或是以市售高湯粉泡水使用

作法

1 茄子先對半縱切，於表面畫斜刀（不切斷）後再切長段；馬鈴薯去皮切滾刀塊；杏鮑菇切長條；香菇切半；四季豆切段。ⓐⓑ

2 起油鍋依序炸蔬菜：馬鈴薯炸約 5-6 分鐘，至筷子可以插入穿過的程度；杏鮑菇與香菇稍微炸過；茄子紫色面朝下稍微過油即可撈起（不需要翻面）；四季豆與小番茄稍微過油即可。ⓒⓓ

3 熱鍋倒入少許油，以中火煸過香茅、南薑、檸檬葉後，加入素咖哩粉、辣椒粉以小火乾炒至顏色及香氣出來。ⓔⓕⓖ
T.I.P 香茅先以刀背壓過並切半，更容易釋放香氣。

4 接著倒入椰奶、素高湯，拌勻後加入些許鹽與糖調味。ⓗⓘ

5 起鍋前放入九層塔、炸好的蔬菜和檸檬汁，滾煮大約 1-2 分鐘即完成。ⓙⓚⓛ
T.I.P 如果覺得醬汁太稠，可依情況加入適量的水稀釋。

紅麴薏仁
燴鮮蔬

將艷紅色的紅麴米與薏仁一同蒸煮後炒香，
搭配在翠綠蔬菜上，更顯得喜氣洋洋。
這是一道很合適在年節期間端上餐桌的佳餚。

食材

紅麴米 1/2 杯

薏仁 1 杯

水 2 杯

薑片 5 片

紫山藥（切骰子狀）150g

青花菜（切小朵）1/2 朵

白花菜（切小朵）1/2 朵

熟銀杏 10 顆

調味料

鹽 適量

糖 適量

胡椒粉 適量

香菇精 適量

玉米粉水 適量

香油 少許

素高湯 適量

素高湯作法參考 P151
或是以市售高湯粉泡水使用

作法

1 將紅麴米、薏仁、水混合，放入電鍋蒸 30 分鐘。ⓐ

2 準備一鍋滾水，加一點鹽，先放入紫山藥汆燙約 **4-5** 分鐘至熟，再放入青花菜、白花菜汆燙至熟後撈起。ⓑⓒⓓ
　　T.I.P 滾水中加鹽巴，有助於蔬菜的甜味釋出。

3 鍋中倒入適量的油，煸香薑片，接著放入蒸好的紅麴薏仁炒過，再加入鹽、糖、胡椒粉、香菇精調味，炒香後盛盤，擺在燙熟的蔬菜上方。ⓔⓕⓖ

4 取鍋倒入素高湯煮滾後，加點鹽、糖、胡椒粉調味，再加入銀杏，並以玉米粉水略微勾芡，最後倒入香油即可。ⓗⓘⓙ

5 在煮好的蔬菜與紅麴薏仁上淋上作法 4 的芡汁、銀杏即完成。ⓚ

示 範 影 片

蜜汁素脆鱔

食材

花菇（泡發）5 朵
鍋粑 6 片
白芝麻 適量
香草 適量

蜜汁

糖 2 大匙
醬油 1 大匙
烏醋 4 大匙
蜂蜜 1 大匙
辣椒（切碎）1 條
黃甜椒（切碎）1 大匙
香菜碎 適量

炸粉

卡士達粉 1 大匙
太白粉 1 大匙
麵粉 1 大匙

作法

1　將花菇剪掉蒂頭後，順著菇傘的圓剪開成長條狀。

2　調理盆中放入卡士達粉、太白粉、麵粉混勻，再放入花菇均勻
　　裹粉後取出，靜置 1 分鐘反潮。ⓐ

3　準備油溫 180˚C 的熱油鍋，將花菇炸至上色後撈出。ⓑ

4　鍋中倒入少許油，將糖炒至略微焦糖化後，再加入醬油、烏醋
　　煮滾，接著加入黃甜椒碎、辣椒碎、香菜碎、蜂蜜混勻，製成
　　醬汁。ⓒ

5　加入炸好的花菇拌一拌，使醬汁均勻附著上去即可。ⓓ

6　將鍋粑先盛盤，再擺上裹附蜜汁的花菇、淋上醬汁，最後撒上
　　白芝麻、香草裝飾即完成。

示｜範｜影｜片

乾燥花菇因面積大，最適合用來剪出鱔魚的外型，
而且香氣也很足，是餐廳常常使用的種類。
若乾燥花菇取得不易，也可以使用鮮香菇，
汆燙剪開後，裹粉炸至水分收乾，再與蜜汁同燒。

素燒鰻魚佐
百香果青木瓜漬

素燒鰻魚食材

馬鈴薯 1 顆

香菇蒂頭 50g

海苔 2 張

乾腐皮 2 張

高麗菜（切絲）100g

菊苣（或廣東 A 生菜）2 片

白芝麻 少許

麵糊（麵粉＋水）50c.c.

地瓜粉 少許

調味料

醬油 3 大匙

味醂 2 大匙

素蠔油 1 大匙

薑汁 1 大匙

糖 少許

鹽 少許

青木瓜漬食材

青木瓜 1 個

新鮮百香果 5 大匙

檸檬汁 適量

白醋 適量

糖 少許

鹽 少許

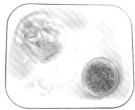

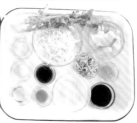

用香菇蒂頭的纖維結合洋芋泥的綿密口感，
並以海苔片包裹外層增加鮮度，同時讓外型更貼近鰻魚。
另外準備百香果風味的青木瓜漬，
在夏令時節，是促進食欲且很好搭配的菜餚。

作法

素燒鰻魚

1　馬鈴薯去皮塊後蒸熟；香菇蒂頭剝絲後燙熟。

2　將馬鈴薯拌入香菇蒂頭絲，並加上少許鹽與糖，混合壓捏成泥狀。ⓐⓑ

3　砧板上先鋪兩張乾腐皮，再鋪上兩片海苔，將薯泥鋪在後半約 1/2 處並稍微壓平。ⓒ

4　在腐皮的邊緣塗上少許麵糊，將海苔連同腐皮先往上折、再從左右往中間折包起來。ⓓⓔⓕ

5　表面再沾少許麵糊，並撒上些許地瓜粉。ⓖⓗ

6　放入淺油鍋（油溫約 120-130°C）中，以中火炸至表面金黃後取出瀝油，製成素鰻魚片。ⓘⓙⓚ
　　T.I.P 炸好取出後，用筷子在中間壓出凹痕，會更像炸鰻魚的樣子。

7　將薑汁、味醂、醬油、素蠔油倒入小鍋子中，加熱煮開後，刷於素鰻魚片上。ⓛⓜ

8　再將素鰻魚片放入預熱好的烤箱，以 180°C 烤 3-4 分鐘，烤至醬香味出來後取出，撒上白芝麻、切塊即可。ⓝⓞ

9　擺盤，以高麗菜絲、生菜襯底即完成。

百香果青木瓜漬

1 將青木瓜削皮削片後，抓鹽殺青（用手抓至軟化出水、摸不到鹽巴顆粒的程度後，靜置 20-30 分鐘）。ⓟ

2 將水分擰乾後，拌入糖、新鮮百香果、檸檬汁、白醋攪拌均勻。ⓠⓡ

3 裝入密封袋中，於冰箱冷藏一晚，醃至入味即可食用。
T.I.P 抓醃後至少靜置 10 分鐘以上才有味道，建議冷藏一晚風味更佳。

示｜範｜影｜片

Chapter 4

飽足滿足的
「主食＆甜點」

○ ○ ○ ● ○

義式時蔬米披薩

很適合用家裡剩餘的白飯來製作，
簡單又有飽足感。
運用雞蛋的黏著性在鍋中塑成餅狀，
再鋪上蔬菜就完成了。

食材

白飯 1 碗

雞蛋 1 顆

青花菜（切小朵）10g

黃甜椒（切絲）10g

紅甜椒（切絲）10g

紫高麗菜（切絲）10g

黑橄欖（切片）10g

九層塔（切碎）5g

莫札瑞拉起司絲 40g

調味料

鹽 少許

起司粉 A 20g

起司粉 B 5g

番茄醬 6 大匙

TABASCO 少許

俄立岡（乾燥）5g

百里香（乾燥）5g

作法

1　將青花菜切小朵，黃甜椒、紅甜椒、紫高麗菜切成差不多長度的絲狀後，略微汆燙過備用。

2　將白飯加入雞蛋、少許鹽、少許俄立岡與百里香、起司粉 A，全部攪拌均勻。ⓐⓑ

3　熱鍋倒入少許油，用木鏟將飯鋪在鍋底、塑形成圓餅狀。ⓒⓓ

4　以中小火煎至底部稍微定型後，翻面鋪上起司絲（保留少許的量在最後烘烤前加入），接著抹上 TABASCO 與番茄醬，撒上俄立岡、百里香與九層塔碎。ⓔⓕⓖ

5　煎至金黃上色後依序鋪上各種蔬菜絲、黑橄欖片、青花菜。ⓗⓘ

6　最後撒上起司絲、起司粉 B。烤箱事先預熱好，放入米披薩以 200℃ 烤約 10 分鐘，烤至起司融化即完成。ⓙ

鮮蔬麵煎餅

以大阪燒為概念，將油麵結合各式蔬菜，
除了增加纖維量也同時提升飽足感，
很適合做為早點或下午點心食用。

食材

油麵 1 把

高麗菜（切絲）200g

紅蘿蔔（切絲）50g

西芹（切絲）50g

香菇（切絲）30g

牛番茄（切丁）1 顆

洋蔥（切絲）1/2 顆

九層塔 適量

雞蛋 2 顆

調味料

昆布粉 1 大匙

鹽 適量

糖 適量

黑胡椒粒 適量

卡士達粉 50g

中筋麵粉 適量

香油 少許

烏醋 適量

裝飾

醬油膏 適量

火焰生菜 適量

作法

1 取一大碗，放入高麗菜絲、紅蘿蔔絲、西芹絲、香菇絲、番
茄丁、九層塔、洋蔥絲，接著加入昆布粉、糖、鹽、黑胡椒粒，
拌勻至蔬菜出水。ⓐ

2 蔬菜出水後加入雞蛋拌勻，再依序加入卡士達粉、中筋麵粉拌勻。
T.I.P 卡士達粉除了增加奶香味，也可以平衡生麵粉的味道，提升香氣。

3 接著加入油麵拌勻，最後倒入烏醋、香油，製成煎餅糊。ⓑ
T.I.P 添加烏醋具有解膩作用，香油則可增添香氣。

4 平底鍋中倒入滿鍋底的油量，燒熱至油溫約 70-80°C 時，將煎餅糊鋪平於鍋底，以
小火半煎炸，煎 7-8 分鐘後翻面。ⓒ
T.I.P 煎到外圈邊緣帶有一點焦焦的金黃色，且搖晃鍋子時麵煎餅不會鬆散變形即可
翻面。

5 續煎至另一面也上色即可起鍋。盛盤後淋上醬油膏、擺上生菜即完成。ⓓ

示｜範｜影｜片

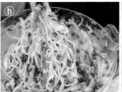

酪梨松菇加州捲

柳松菇味道清香，菇柄脆嫩爽口，
沾附麵糊炸至酥脆後捲入酸甜醋飯中，
再搭配富有天然油脂的酪梨，營養又健康。

食材

柳松菇 1 朵
酪梨（切薄片）1 顆
小黃瓜（切條）1 條
紅蘿蔔（切條）1 條
蘿蔓生菜 2 片
醃漬嫩薑片 適量
海苔 1 張
芝麻 適量

壽司飯

米 1 杯
水 1 杯
昆布 1 片
白醋 150c.c.
糖 100g
鹽 50g

調味料

酥炸粉（或麵粉）4 大匙
美乃滋 適量

作法

示範影片

1 昆布先刷洗過後，取鍋放入米、水（兩者比例 1:1）以及昆布，放到電鍋中，外鍋倒 2 杯水，蒸 30 分鐘。

2 在鍋中放入醋、糖、鹽、以及作法 1 中蒸過的昆布，用小火一邊煮一邊攪拌到顆粒完全溶解，完成壽司醋。ⓐⓑ

3 將煮好的壽司醋分次加到蒸好的米飯中，一邊以切拌方式拌勻一邊試味道，調成喜歡的風味，即製成壽司飯。ⓒ
T.I.P 建議趁熱時將壽司醋拌入飯中，可加速吸收。

4 將酥炸粉拌入適量的水，調製成麵糊備用。準備一鍋淺油，將柳松菇均勻沾裹麵糊後下鍋油炸，盡量炸乾一點後撈起瀝油。ⓓⓔⓕ
T.I.P 麵糊沾裹厚一點，可以形成酥脆的口感。或者用手沾一點麵糊丟到油鍋中炸，即可製成麵衣。

5 壽司竹簾上先鋪保鮮膜，再擺上海苔片（粗糙面向上），把壽司飯均勻鋪到海苔的 3/4 左右後，翻面。ⓖ
T.I.P 海苔上的飯不要鋪滿，以免捲起後米飯溢出。鋪的時候飯要鋪齊海苔兩端，捲好時厚度才會均勻。可先在手上沾一點醋水避免黏手。

6 在海苔中間位置擠一條美乃滋後，放上柳松菇、紅蘿蔔條、小黃瓜條、薑片、蘿蔓生菜，再從下往上捲起來塑形。ⓗⓘⓙⓚ
T.I.P 一邊捲一邊壓實，做好的壽司才不易鬆開。

7 接著在桌上鋪一層保鮮膜，先擺一排酪梨片，再接著放上壽司捲後，用保鮮膜捲起來。ⓛⓜ

8 將壽司捲切片後，再拆開保鮮膜，並撒上芝麻即完成。

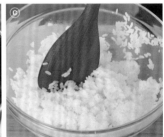

除了麵條及配料的選材運用外，
豆漿底的湯頭，加上特別調製的豆乳醬，
加厚了整道湯品的濃郁感。

豆乳拉麵

食材

拉麵條 1 包
花椰菜 2 小朵
玉米粒 1 大匙
韓式泡菜 適量
海帶芽 適量
海苔片 2 片
白芝麻 少許

湯頭

無糖豆漿 250c.c.
鹽 少許
胡椒粉 少許
素高湯 200c.c.

素高湯作法參考 P151
或是以市售高湯粉泡水使用

豆乳醬

豆腐乳 1 塊
味噌 2 大匙
味醂 100c.c.
醬油 30g
白芝麻（炒過的）50g

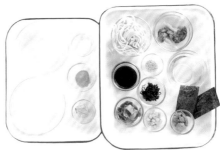

作法

1　製作豆乳醬：鍋中放入白芝麻、味噌、豆腐乳、醬油、味醂炒香，煮至濃稠即可。ⓐⓑ

2　製作湯頭：在同一鍋中倒入無糖豆漿以小火稍微煮過，再加入適量豆乳醬拌勻後，加入高湯、鹽、胡椒粉，煮至滾即可。ⓒ

3　事前準備一鍋滾水，將拉麵條汆燙好後撈出，放入碗裡備用，再倒入湯頭。ⓓ

4　最後擺上汆燙過的花椰菜、玉米粒、韓式泡菜、海帶芽、海苔片，撒上白芝麻即完成。

示｜範｜影｜片

奶油菌菇
起司飯捲

這道飄散松露香的炸飯捲，是以燉飯呈現，
待冷卻後用春捲皮捲起炸成雪茄狀，
增加趣味性，也在食用時多一分脆口感。

食材

白飯 3 碗

鴻喜菇 1 包

香菇 5 朵

洋菇 80g

起司絲（或起司片）適量

春捲皮 5 張

調味料

鮮奶油 250c.c.

起司粉 50g

松露醬 1 大匙

鹽 1 小匙

糖 適量

麵糊（麵粉＋水）適量

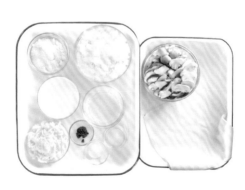

作法

1 將鴻喜菇、香菇、洋菇用紙巾擦拭表面後，分別切成小片，再放入鍋中乾炒至香氣溢出並且出水。ⓐⓑ

2 待炒到水分收乾後，加入鮮奶油煮滾，再加入白飯翻炒。ⓒⓓ

3 接著加入鹽、糖、起司粉，最後加松露醬炒香，即製成松露燉飯。ⓔⓕ
T.I.P 松露醬煮久香氣會消失，因此要在最後步驟下鍋。

4 將春捲皮呈菱形鋪平在桌面上，於中間鋪一條起司絲，再擺上松露燉飯。ⓖⓗ

5 在春捲皮的邊緣抹上麵糊（黏合封口用），將春捲皮先由左右兩邊往中間折起，再往上捲起來。ⓘⓙ

6 取一油鍋（溫度約 130-140˚C），將春捲炸至外皮上色、酥脆即完成。ⓚⓛ

示範影片

素香扣米糕

無論葷、素，米糕的重點都在拌料上。
炒料過程中是否確實煸香各食材，
正是決定米糕好吃與否的關鍵。

食材

圓糯米 2 碗

乾香菇（泡發切丁）20g

豆輪（切丁）20g

豆乾（切丁）20g

麵腸（切丁）20g

水煮花生 80g

栗子 10 顆

紅棗 5 顆

薑末 1 大匙

香菜 適量

調味料

麻油 3 大匙

醬油 2 大匙

素蠔油 3 大匙

香菇精 1 大匙

糖 少許

胡椒粉 少許

作法

1 圓糯米洗淨後泡水，使其膨脹泡開後，用篩網濾水，再放入電鍋蒸 20 分鐘。
   T.I.P 也可以走水一晚，把水龍頭開很小，用流動的水浸泡米。

2 熱鍋倒入少許油，略爆香薑末後，依序放入香菇丁、豆輪丁、麵腸丁、豆乾丁，炒至略帶金黃色。ⓐ

3 接著放入花生、栗子及紅棗，並加入醬油、素蠔油、麻油、香菇精、胡椒粉、糖，拌炒均勻。ⓑⓒⓓ

4 倒入可淹過食材的水量，蓋上鍋蓋，煮至收汁、變成濃稠狀，即完成炒米糕料。ⓔⓕ

5 取出蒸熱的糯米飯與米糕料拌勻（保留一點米糕料，做為扣米糕的底部）。ⓖⓗ
   T.I.P 混合時要邊按邊壓，才會均勻。

6 接著準備一個碗，在紙巾上倒一點油，再用紙巾擦拭碗內一圈。先將米糕料填入碗的底部，再填入作法 5 並壓實。壓入後敲一敲碗，讓底部更密實。ⓘ

7 再用電鍋稍微蒸 5-10 分鐘後倒扣於盤中，放上香菜即完成。ⓙ

將海帶切成小丁增加豬皮般的 Q 彈感，
一來可填補鮮度，搭配蔬菜絲及麵條時，
豐富的口感更完全在口中表現出來。

素炸醬麵

食材

家常麵條 1 把

豆乾（切丁）10 塊

香菇（切丁）5 朵

海帶（切丁）2 塊

薑末 少許

八角 2 朵

調味料

甜麵醬 2 大匙

辣豆瓣醬 1 大匙

素蠔油 2 大匙

香油 1 大匙

糖 1/4 大匙

太白粉水 適量

配料

小黃瓜絲 30g

紅蘿蔔絲 30g

蛋絲 30g

豆芽 30g

毛豆 30g

素高湯作法參考 P151
或是以市售高湯粉泡水使用

作法

1　準備一鍋滾水，事先將麵條煮熟備用。並備好「配料」，其中的紅蘿蔔絲、
豆芽與毛豆須燙熟。

2　鍋中倒入少許油，用中火爆香薑末後加入八角，接著放入香菇丁稍微煸乾、
炒出焦香味。

3　再放入豆乾丁，炒至香味釋出並稍微上色。ⓐ
T.I.P　豆乾要確實炒香，否則容易有生豆味。

4　接著加入甜麵醬、素蠔油、辣豆瓣醬、糖拌炒均勻，再加入海帶丁拌炒至稍
微軟化，並倒入約一碗水（可淹過食材的量）。ⓑ

5　煮到收汁後（大約 15-30 分鐘，依火力及個人口味調整），加入太白粉水
勾芡，最後倒入香油，即完成炸醬。ⓒ

6　把麵條盛碗，擺上炸醬以及各種配料即完成。ⓓ

示｜範｜影｜片

部隊鍋源自於韓戰過後物資短缺的社會，
無肉可食的居民，以辛辣的苦椒醬作湯底，
放入美軍剩餘的香腸、罐裝火腿及午餐肉等。
此處省去肉品，以同樣的湯底概念完成美味的蔬食版。

示｜範｜影｜片

素香部隊鍋

食材

茄汁焗豆 1 罐	香菇（刻花）3 朵
韓式泡菜 150g	紅蘿蔔（切片刻花）適量
豆腐（切片）適量	韓式年糕（先燙過）100g
金針菇 50g	韓式泡麵（或一般泡麵）1 包
秀珍菇 50g	黃起司片（對切）2 片

調味料

醬油 1 大匙

韓式辣椒醬 2 大匙

韓式辣椒粉 10g

糖 適量

鹽 適量

素高湯 適量

作法

1　取鍋放入素高湯、辣椒醬、辣椒粉、醬油、糖
　　以及鹽，攪拌均勻。ⓐ

2　接著依序放入茄汁焗豆、韓式泡菜、豆腐、金
　　針菇、秀珍菇、香菇、泡麵、年糕、紅蘿蔔以
　　及起司片。ⓑ

3　再將素高湯加到略可淹過食材的量（素高湯：
　　食材 =1:1），煮滾即完成。

自製蔬菜高湯

食材

高麗菜 1/4 顆

紅蘿蔔（切圓厚片）1 條

香菇（泡發）7 朵

昆布 1 片

中芹菜（或西芹菜，切段）1 根

蘋果（切 4 等分）1 顆

作法

1　取鍋放入所有食材，並倒入淹過食材的水量。

2　電鍋外鍋倒入 400-500c.c. 的水量，用電鍋蒸 1 個小
　　時，再將高湯過濾出即完成。

臘八粥

臘八節是中國傳統節日，素有喝臘八粥的習俗。
這種粥由多種食材熬製而成，材料依人而異。
製作時可使用五穀米蒸熟，再放入桂圓、紅棗等一同熬煮，
利用材料原本的豐富度，可省去備料動作，既省時又方便。

食材

五穀米 1 碗	紅棗 10 顆
小米 2 大匙	桂圓 20g
蓮子 20g	冰糖 適量
蜜栗子 10 顆	

作法

1 將蓮子洗淨瀝乾，桂圓用少許水泡開。
　　T.I.P 如果使用的是乾栗子，要先泡水。

2 把五穀米跟小米混合洗淨後，放入電鍋中蒸熟（米跟水的比例大約 1:1.5）。

3 蒸熟後取出，加入一鍋水煮滾至米粒變軟。ⓐ
　　T.I.P 如果喜歡偏軟爛的口感，滾後可以轉小火繼續熬煮至喜歡的程度。
　　　　過程中需不斷攪拌，避免鍋底沾黏。

4 接著加入紅棗、桂圓、蓮子、栗子、冰糖再煮 15-20 分鐘。ⓑⓒ

5 煮到蓮子熟透後關火，蓋上鍋蓋再燜一會兒即可取出盛碗。ⓓ

示｜範｜影｜片

紫芋
流沙捲

將紫地瓜結合芋頭香氣，並使用綠豆沙餡及鹹蛋黃做搭配，色彩繽紛，滋味甜鹹，是很合適做為點心的料理。

食材

春捲皮 1 包

紫地瓜（去皮切丁）1 條

芋頭（去皮切丁）250g

綠豆餡 200g

鹹蛋黃 1 顆

奶油 200g

糖 5 大匙

麵糊（麵粉＋水）適量

作法

1 將紫地瓜、芋頭都切丁後，放入電鍋蒸熟至軟。綠豆餡也先蒸過備用。

2 將綠豆餡、奶油、鹹蛋黃混合在一起，用手或湯匙捏揉均勻後，倒入長方形模具中，並用刮刀抹平表面，稍微冷凍一下待其成型。ⓐⓑ

3 取一個大碗放入紫地瓜丁、芋頭丁、糖，攪拌均勻成泥狀後，搓成數個條狀備用。ⓒⓓⓔ

4 取出冷凍成型的作法 2，切成與作法 3 差不多大小的條狀備用。ⓕ

5 將春捲皮切成 4 等分、修成適當大小後鋪平，將作法 3、4 的食材放置在離正中間稍微偏後方的位置，先將左右兩側往中間折，再從後面往前捲起來，邊緣用麵糊封口。ⓖⓗ
T.I.P 不需要包得太緊實，以免油炸時因熱漲冷縮而爆餡。

6 準備一個熱油鍋（油溫 110-120℃），用中小火炸 7-8 分鐘至外皮酥脆後即可撈出瀝乾。擺盤，用食用花或生菜裝飾即完成。ⓘ

茶樹菇南瓜酥盒

這道點心以食材本身的原味為主，簡單調味後，
再以現成吐司壓成派皮般的外皮，烤至上色，
是一道操作簡單，適合在聚會登場的鹹點。

食材

茶樹菇（切丁）1 包
南瓜（切丁）200g
紅蘿蔔（切丁）100g
荸薺（切碎）150g
吐司 5 片

調味料

鹽 少許
胡椒粉 少許
蛋黃液 1 顆

作法

1　將茶樹菇、南瓜、紅蘿蔔皆切丁。荸薺切碎備用。

2　熱鍋倒入少許油，用小火先將茶樹菇丁煸香，再放入荸薺碎與紅蘿蔔丁拌
　　炒，接著加入南瓜丁，用大火炒到蔬菜軟化，最後以鹽、胡椒粉調味，炒
　　勻成內餡。ⓐ

3　將吐司去邊，用擀麵棍前後來回擀壓並翻面擀平後，在中間鋪上餡料，再
　　將吐司對折，利用叉子將邊緣壓緊，製成酥盒。ⓑⓒ

4　在酥盒表面塗抹蛋黃液，並用刀子畫三刀後，放進烤箱以 120°C 烤 10 分
　　鐘即完成。ⓓ

示｜範｜影｜片

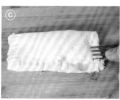

紅棗蜜芋球

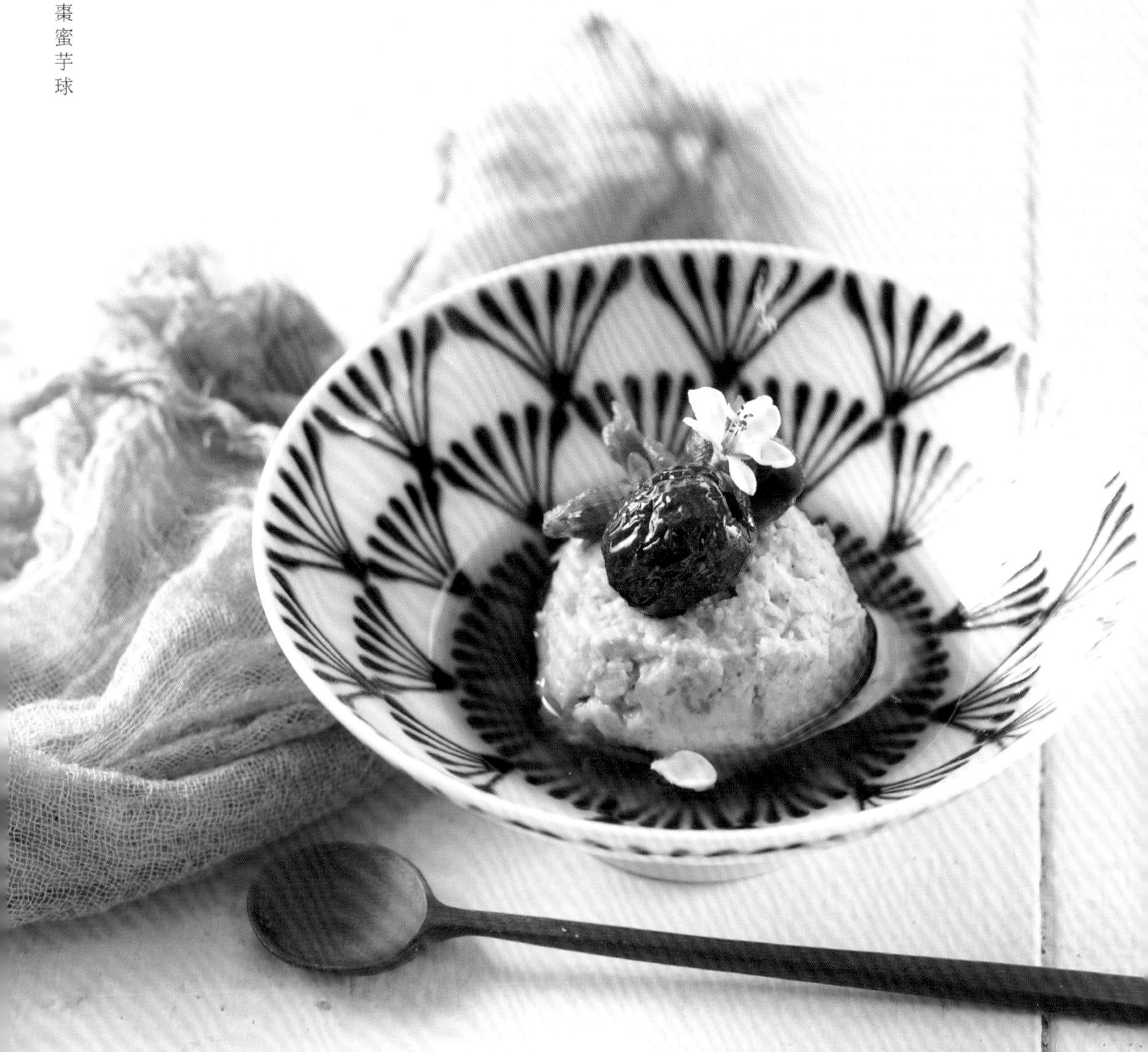

紅棗蜜芋球

芋泥拌入滑順的椰漿，再淋上桂圓紅棗湯，
滋味綿密香甜，在各種香氣的堆疊下，
不管冷吃熱吃，都是一道解憂舒壓的聖品。

食材

芋頭（去皮切片）1 顆　　冰糖 40g

桂圓 100g　　　　　　　椰漿 少許

紅棗 10 顆　　　　　　　鮮奶油 100c.c.

薑片 2 片　　　　　　　水 400c.c.

作法

1　將去皮切片後的芋頭，放進電鍋蒸熟至軟。
　　T.I.P 切小塊也可以，方便蒸熟壓泥即可。

2　將蒸好的芋頭加入鮮奶油和椰漿，以按壓方式攪拌均勻成泥狀備用。ⓐ

3　鍋中放入桂圓、紅棗、冰糖、薑片，再倒入水，鍋上鍋蓋煮 5-6 分鐘至收汁，
　　放涼備用。ⓑ ⓒ

4　利用挖球器將芋泥挖起盛碗後，倒入作法 3 的湯汁即完成。ⓓ

示 範 影 片

拔絲香蕉

炸至酥脆的香蕉塊需趁熱與糖漿拌勻，
再快速放入冰塊水中，保持糖衣的脆度。
待剩餘糖漿溫度稍降，方可拉出輕紗般的糖絲。

食材

香蕉 3 根	糖 200g
雞蛋 1 顆	油 20g
玉米粉 100g	水 20g
麵包粉 100g	

作法

1　將香蕉切大塊後，依序裹上玉米粉、蛋液、麵包粉。ⓐⓑ

2　準備一鍋熱油（溫度約 120-130℃），放入香蕉炸至上色，即可
撈出備用。ⓒ
T.I.P 入鍋後先靜置 30 秒不要翻動，讓麵包粉定型。

3　取一小鍋放入糖、油、水加熱，待糖粒融化後轉中小火，慢慢熬煮至呈焦糖色。ⓓⓔⓕ

4　放入炸好的香蕉裹上糖漿，再迅速放進冰水裡冷卻，濾掉水分後即可盛盤。ⓖⓗ

盤飾組合

1 先取出泡過冰水、表層糖漿已經凝固的拔絲香蕉,堆疊到盤子上。

2 製作糖絲裝飾。取一個玻璃碗或杯子,在表層抹油後,用湯匙或叉子撈起鍋中的糖漿,從上往下劃絲到玻璃碗上。

3 不需要太拘泥形狀,讓糖絲在玻璃碗上隨意交錯即可。

4 待糖絲硬化後,小心地用鑷子從邊緣開始輕剝。

5 將整片糖絲從玻璃碗上剝離下來。

6 將取下的糖絲堆疊到拔絲香蕉上,並放上食用花裝飾即完成。

Chapter 5

用素食重現巷口街角的
「古早味小吃」

○ ○ ○ ○ ●

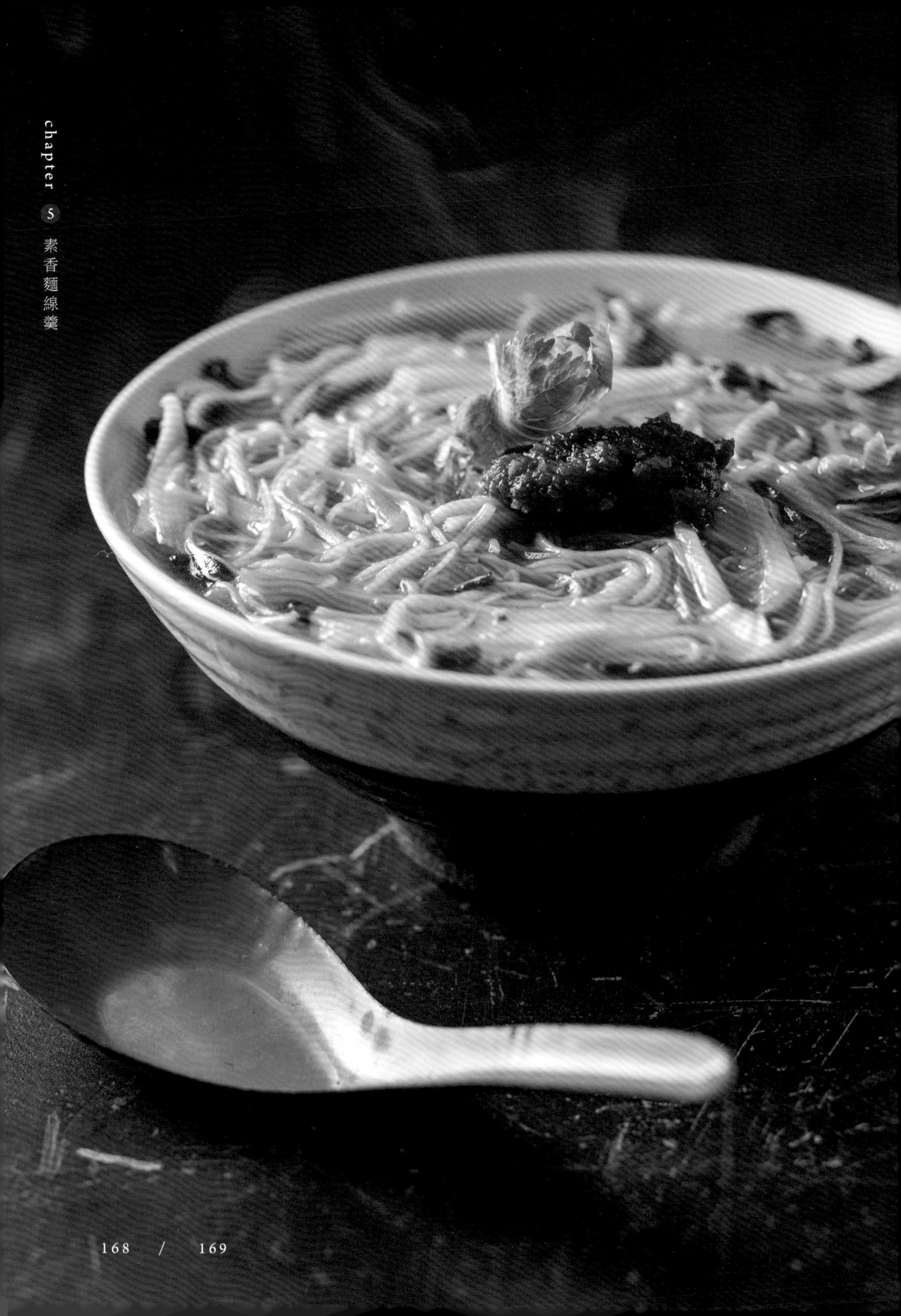

素香麵線羹

食材

紅麵線（稍微泡軟）1 把　　黑木耳（切絲）適量

紅蘿蔔（切絲）1 條　　薑末 1 小匙

竹筍（切絲）1 顆　　香菜 適量

香菇（泡發切絲）5-6 朵

素高湯作法參考 P151
或是以市售高湯粉泡水使用

調味料

素高湯 2000c.c.　　玉米粉水 適量

醬油 1 大匙　　香油 適量

香菇精 1 小匙　　烏醋 適量

鹽 1 小匙　　素沙茶 1 大匙

糖 1 小匙

作法

1　取鍋倒入少許油，炒香薑末後，加入香菇絲、紅蘿蔔絲、竹筍絲、黑木耳絲。ⓐ

2　待炒出香氣後，倒入素高湯，蓋上鍋蓋稍微燜煮後放入麵線，蓋上鍋蓋至煮滾。ⓑ

3　接著加入鹽、糖、香菇精、醬油拌勻，滾煮 5 分鐘。

4　再加入一點玉米粉水勾薄芡，最後淋上烏醋、香油即可。ⓒ

5　起鍋盛盤，加上素沙茶跟香菜點綴即完成。ⓓ

示範影片

金瓜炒米粉

素高湯作法參考 P151
或是以市售高湯粉泡水使用

食材

米粉 1 把

南瓜（切絲）200g

高麗菜（切絲）80g

紅蘿蔔（切絲）50g

乾香菇（泡發切絲）50g

中芹（切段）20g

薑末 少許

香菜 適量

調味料

素蠔油 3 小匙

香菇精 適量

鹽 適量

糖 適量

胡椒粉 少許

烏醋 少許

香油 少許

素高湯 適量

作法

1　米粉事先泡水至軟後，瀝乾備用（也可稍微剪短，會更容易入口）。

2　熱鍋後倒入少許油，爆香薑末與香菇絲。

3　等到香菇稍微煸乾並炒出香氣後，加入紅蘿蔔絲、中芹段以及南瓜絲。ⓐ

4　炒到南瓜絲軟化後，再加入高麗菜絲拌炒。ⓑ

5　接著倒入高湯，並加入米粉拌炒後，蓋上鍋蓋燜煮至米粉與蔬菜軟化。ⓒ

6　開蓋後加入鹽、香菇精、胡椒粉、糖、素蠔油調味，再淋上烏醋與香油，
　　煮到收汁，最後盛盤並擺上香菜即完成。ⓓ

示｜範｜影｜片

這道料理的秘訣在於將所有炒料確實炒香炒軟，
金黃色澤的米粉吸收了南瓜的香甜，
用筷子夾一大口，可同時吃到多汁的高麗菜與紅蘿蔔，
帶有獨特香氣的香菇與芹菜亦是重要配角。

金瓜碗粿

精巧美麗的金黃色澤，顛覆碗粿既有的樸實印象，
在米粉漿中加入南瓜泥增色，同時增加了營養成份，
搭配鹹甜炒料與喜歡的醬汁，重現懷念的古早味。

食材

在來米粉 125g

南瓜（切塊蒸熟）200g

熱水 適量

鹽 1/2 小匙

糖 1/2 小匙

胡椒粉 1 小匙

香油 少許

炒料

菜脯（泡水切碎）20g

豆輪（切碎）20g

乾香菇（泡發切碎）20g

薑末 少許

辣椒碎 少許

黑胡椒 少許

糖 少許

醬汁與裝飾

醬油膏 適量

辣椒醬（或甜辣醬）適量

香菜 1 株

作法

1 取一個大調理碗，放入蒸熟的南瓜壓成泥，再加入來米粉攪拌均勻。ⓐⓑ

2 接著慢慢加入適量的熱水，調製呈粉漿狀，再加入鹽、糖、胡椒粉、香油
拌勻，即備好南瓜粉漿。ⓒⓓ
T.I.P 因每顆南瓜的水分不一，請依實際情況斟酌加水。

3 準備一般飯碗或適當大小的容器，將南瓜粉漿倒入至約七分滿，放入預熱
好的電鍋中，蒸約 30 分鐘至熟透。ⓔ

4 熱鍋倒入少許油，先爆香薑末，再依序放入辣椒碎、香菇碎、菜脯碎、豆
輪碎拌炒，接著加入糖與黑胡椒拌炒均勻，即備好炒料。ⓕⓖⓗⓘ

5 將蒸好的金瓜碗粿取出，淋上醬油膏或辣椒醬、擺上炒料，再以香菜點綴
即完成。ⓙⓚⓛ

素肉燥飯

製作素肉燥時的重點在於香氣跟口感，
海帶及麵腸不僅可增加鮮度，還富有咀嚼的耐度，
拿來拌麵或拌飯，忍不住就讓人多吃兩碗。

食材

麵腸（切丁）2 條

海帶（切小丁）80g

杏鮑菇（切碎）2 支

乾香菇（泡發切碎）80g

薑末 1 大匙

中芹（切末）1 大匙

調味料

豆豉 1 大匙

素蠔油 5 大匙

冰糖 1 大匙

五香粉 1/2 大匙

胡椒粉 少許

香油 1 大匙

素高湯 適量

素高湯作法參考 P151
或是以市售高湯粉泡水使用

作法

1 取一熱鍋，用中火先爆香薑末後，再炒香中芹末。

2 放入杏鮑菇碎與香菇碎炒香後，放入麵腸丁拌炒，炒至略帶焦黃色
且生麵味消失。ⓐ
T.I.P 香菇下鍋拌炒後會有水分流出，請炒到收汁後再放入麵腸。

3 接著加入海帶丁拌炒，再放入豆豉、冰糖、五香粉、胡椒粉、素蠔
油拌炒均勻。ⓑⓒ

4 然後倒入素高湯，煮約 10-20 分鐘至收汁變稠，最後淋上香油即
完成。ⓓ

示 範 影 片

素蚵仔煎

將草菇裹上百頁豆腐泥做成內餡，
外型就像真的蚵仔，也同時多了一種口感。
製作時粉漿需煎至略帶金黃香氣才足夠，
素蚵仔煎的風味清甜，很值得一試。

素蚵仔食材

草菇 10-15 顆
百頁豆腐 1 塊
板豆腐 200g
玉米粉 5 大匙
昆布醬油 1 小匙
地瓜粉 1 碗
麵粉 適量

粉漿

地瓜粉 125g
太白粉 125g
水 250c.c.
鹽 少許

配菜

雞蛋 1 顆
小白菜（切段）2 顆
九層塔 少許
海苔絲 適量

醬汁

番茄醬 5 大匙
素蠔油 2 大匙
昆布醬油 少許
味噌 1 小匙
辣椒醬 1 小匙
糖 1 大匙
烏醋 少許

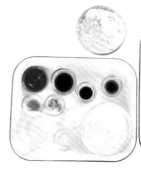

作法

1 將草菇用滾水汆燙後，撈出擦乾水分，再對半切。

2 將百頁豆腐、板豆腐放入調理機中，並加入玉米粉、昆布醬油，一同打碎成泥。ⓐⓑ

3 草菇先沾附一點麵粉，接著包上少許豆腐泥，再裹上地瓜粉，一顆一顆放入滾水中用小火汆燙到浮起來後，撈出泡冰水，即製成素蚵仔。ⓒⓓⓔ ⓕ

4 取一大碗加入地瓜粉、太白粉、水、鹽，拌勻成粉漿備用。ⓖ

5 熱鍋倒入少許油，放入小白菜、倒入雞蛋液，接著下兩匙粉漿，鋪上九層塔與海苔絲，再放入素蚵仔，待粉漿成型後對折，煎到蔬菜熟後即可盛盤。ⓗ ⓘ ⓙ ⓚ

6 準備另一個小鍋子，將番茄醬、素蠔油、昆布醬油、味噌、辣椒醬、糖、烏醋炒香，並加入些許的水拌開，燒至變稠即完成醬汁。ⓛ ⓜ ⓝ

7 最後在素蚵仔煎上淋上醬汁，放上適量海苔絲即完成。ⓞ

示｜範｜影｜片

鹹酥素豬血糕

素豬血糕又稱「智慧糕」，是素食餐廳中常見的小吃。
利用海苔的顏色及鮮味，結合米粉漿及糯米蒸製而成，
另搭配九層塔同炸增加鍋香氣，起鍋後拌入椒鹽，口感絕佳！

食材

圓糯米（泡水）150g

海苔片（撕小片）5 片

九層塔（切末）10g

九層塔 50g

糯米粉 30g

地瓜粉 30g

玉米粉 適量

水 150g

調味料

胡椒粉 少許

香菇精 1 小匙

醬油 1 小匙

香油 少許

胡椒鹽 少許

作法

1 取一個大調理盆，放入圓糯米、海苔、九層塔末，以及胡椒粉、香菇精、
醬油、香油，先稍微混合均勻。ⓐⓑ

2 接著加入糯米粉、地瓜粉以及水，充分攪拌拌勻。ⓒⓓ

3 準備一個長方形模具，將作法 2 的食材填入並略壓平表面。ⓔⓕ

4 放入預熱好的電鍋蒸約 40 分鐘，取出後扣出放涼，再切成方塊狀。ⓖⓗ

5 將米糕塊均勻沾上少許玉米粉，放入熱油鍋中（油溫約 150-160°C），炸
至酥脆且金黃上色。ⓘⓙ

6 起鍋前再放入九層塔炸過釋放香氣，最後撒上胡椒鹽即完成。ⓚⓛ

示範影片

藥膳麻油
素腰花

將洋菇、杏鮑菇切花刀，
取代一般現成的素腰花。
搭上麻油、老薑及些許藥材拌炒，
相當適合在秋冬時補身補氣。

食材

百頁豆腐 1 條

洋菇 1 盒

杏鮑菇 2 支

紅蘿蔔（切片）20g

甜豆莢 30g

老薑片 1 段

九層塔 50g

枸杞 1 大匙

當歸 1 小片

調味料

麻油 5 大匙

醬油 3 大匙

米酒 2 大匙

糖 適量

鹽 適量

水 適量

作法

1 百頁豆腐開花刀：先縱切剖半變薄後，在表面平行劃數刀，再從垂直方向劃刀切片。ⓐⓑ

2 洋菇開刀花：在洋菇傘面先平行劃數刀，再垂直劃數刀後對半切。ⓒⓓ

3 杏鮑菇開刀花：先在杏鮑菇表面垂直劃幾刀後，再斜劃出菱形格紋，並切成斜片。ⓔⓕⓖ

4 準備一個油鍋，放入切好的百頁豆腐、杏鮑菇、洋菇，稍微炸至金黃後撈出。ⓗⓘ

5 起熱鍋倒入麻油，煸香老薑片到邊緣捲曲後，加入洋菇、杏鮑菇、百頁豆腐，拌炒至外表呈金黃色且香氣出來。ⓙⓚ

6 接著加入米酒、醬油、糖、適量的水燒過。ⓛⓜ

7 待煮滾後，加入當歸、枸杞、紅蘿蔔片、甜豆莢，再略炒 1-2 分鐘至稍微收汁。ⓝ

8 起鍋前撒一點鹽調味，並加入九層塔略燜熟即完成。ⓞ

示｜範｜影｜片

料理是一種力量來源，

更是回憶的寄託。

對於身為料理人的我來説，

「廚師」的定義，

就是把關好每道料理，

承載傳遞更多的訊息。

真心希望翻開這本書的每一個你，

都能在動手做菜的過程中，

找到自己的力量。

Chef Jerry's
Stylish Vegetarian Dishes.

台灣廣廈 國際出版集團
Taiwan Mansion International Group

國家圖書館出版品預行編目（CIP）資料

私廚蔬食：文青主廚Jerry的風格料理，以真切蔬果滋味，醞釀
三餐豐盛美好。/陳昆煌Jerry著. -- 新北市：臺灣廣廈有聲圖書
有限公司, 2021.04
　面；　公分
ISBN 978-986-130-484-7
1.蔬菜食譜

427.3　　　　　　　　　　　　　　　　110003307

私廚蔬食
文青主廚**Jerry**的風格料理，以真切蔬果滋味，醞釀三餐豐盛美好。

作　　　者／陳昆煌Jerry	編輯中心編輯長／張秀環
攝　　　影／Hand in Hand Photodesign　璞真奕睿影像	編輯／許秀妃・蔡沐晨
	封面設計／曾詩涵
製 作 協 力／庫立馬媒體科技股份有限公司　料理123	內頁排版／菩薩蠻數位文化有限公司
	製版・印刷・裝訂／東豪・弼聖・明和
經 紀 統 籌／羅悅嘉	

行企研發中心總監／陳冠蒨	線上學習中心總監／陳冠蒨
媒體公關組／陳柔彣	產品企製組／黃雅鈴
綜合業務組／何欣穎	

發 行 人／江媛珍
法 律 顧 問／第一國際法律事務所 余淑杏律師・北辰著作權事務所 蕭雄淋律師
出　　　版／台灣廣廈
發　　　行／台灣廣廈有聲圖書有限公司
　　　　　　地址：新北市235中和區中山路二段359巷7號2樓
　　　　　　電話：（886）2-2225-5777・傳真：（886）2-2225-8052

代理印務・全球總經銷／知遠文化事業有限公司
　　　　　　地址：新北市222深坑區北深路三段155巷25號5樓
　　　　　　電話：（886）2-2664-8800・傳真：（886）2-2664-8801
郵 政 劃 撥／劃撥帳號：18836722
　　　　　　劃撥戶名：知遠文化事業有限公司（※單次購書金額未滿1000元需另付郵資70元。）

■出版日期：2021年04月　　■初版2刷：2022年03月
ISBN：978-986-130-484-7